Translator Self-Training
Russian

Practical Course in Technical Translation

Morry Sofer

Second Revised Edition

Schreiber Publishing
Rockville, Maryland

Second Revised Edition

Library of Congress Control Number: 2005924020
ISBN 0-88400-308-6

Printed in the U.S.A. by Schreiber Publishing, PO Box 4193, Rockville, Maryland 20849
www.schreiberpublishing.com

Preface

This practical course is for anyone who would like to pursue technical translation in Russian and English, in such areas as legal, medical, financial or other kinds of non-literary documents (literary translation is a different discipline from technical).

The course is based on the practical experience of a major translation company which has been translating-—routinely and successfully—Russian-into-English and English-into-Russian documents in all technical areas for over twenty years. The assignments in this book are taken from real-life documents which were translated by this company, with names and other information changed in some cases to protect proprietary information.

This book grew out of a correspondence course offered about fifteen years ago, which became a three-ring binder program for translator's self-training ten years ago. During those ten years, hundreds of translators have used this program each year, and many have offered unsolicited praise for this program, letting us know that it has improved their translation skills, and in more than a few cases helped the user pass accreditation or certification tests for such organizations as the American Translators Association (ATA).

Nothing sharpens translation skills more than the actual act of translating. But one needs an entry point, either into the technical translation field in general, or into new areas of translation, if one has already been doing one kind of technical translation, such as legal. This course provides the entry point.

We at Schreiber Publishing take a personal interest in translators in all languages and subjects, and are always happy to hear from you.

Enjoy the course!

Morry Sofer

Table of Contents

Section 1. General

Introduction

Welcome to *Schreiber's* **Translator Self-Training Program**. We are very pleased you selected this program, which has been in use since 1992. It has helped aspiring translators around the country get their start in this exciting field, while assisting practicing translators in improving their translation skills. Translation is one of the fastest growing professions in today's world, as different languages and cultures are coming closer together every day. Whether you wish to pursue translation full-time or as a sideline, you will find it to be a highly challenging and quite profitable occupation. The purpose of the following exercises is to help you improve your skills as a Russian-into-English translator.

This program is designed to help you work at your own pace and gain experience through translation practice assignments. These assignments, excerpted from actual translation jobs, were selected to help you determine your own level of comfort and expertise, so that you may go on from there to choose the type of translation work you may like to pursue.

To derive the maximum benefit from these texts, you should carefully read the General Comments, the guidelines, and the specific notes which discuss each assignment. Every comment and every guideline represents years of experience in professional translation work. By carefully following this program, you will be able to achieve *in just a few days* what has taken others years to learn. You will be guided through many of the pitfalls of translation, taught how to avoid them, shown shortcuts in accomplishing a complex piece of translation work, and be given the benefit of comments designed to show you how to produce a translation acceptable to major clients such as government, industry, the legal world, and many more.

Before you read further, we strongly urge you to read Appendix A: Requisites for Professional Translators, and Appendix B: Translation Techniques.

The above-listed Appendices will give you a good overview of how translation work is to be approached and practiced. Try to keep the contents of these chapters in mind as you translate the following assignments.

You are presented with four different texts, which, for most people, represent an increasing level of difficulty (although if you happen to be a lawyer, for example, it is possible that you will find the second assignment the easiest of the four). They are:

1. **General**
2. **Legal**
3. **Chemical/Medical**
4. **Business/Finance**

At a minimum, you may want to do the first and second assignments. Those two represent a vast body of material which is being translated in the United States on a regular basis, but which does not require a highly specialized vocabulary or technical background. The third assignment requires access to chemical and medical terminology, which can be managed by any intelligent translator. The fourth assignment should be approached with caution. Here one must have an understanding of the world of finance, which not all of us do. For your own self-assessment, you may want to try it (since we provide you with the translation, you can compare the results and see for yourself how you did). But if you find it too difficult, don't be discouraged. It is clearly not for everyone.

We hope you enjoy working with these texts, and we urge you to please be patient with yourself. One does not become an accomplished translator overnight. To learn, one must make mistakes. If your heart is in it, and if you love the challenge of working with two languages you happen to know well, then you are sure to get a great deal out of this program.

A Word about Russian Translation

Russian is one of the leading languages of European culture, scholarship, science and technology. A great deal of technical, scientific and legal documentation is generated in Russian and translated in the United States. At the same time, similar English-language documentation is regularly being translated into Russian. There are no exact statistics on this subject, but it is safe to assume that along with Spanish, Japanese, German and French, Russian is one of the top five most frequently translated languages in the United States.

Many American college students choose Russian for their foreign language requirement, or even major in this language. From all indications, given the popularity of the Russian language and the continued economic and cultural importance of Russian, Russian should continue to play a significant role on the international scene in the next century.

This means that developing one's skills as a Russian-into-English or English-into-Russian translator is time well spent. The United States and Russia continue to interact in all areas of commerce, science and technology. Documentation and literature flow between the two countries and between the U.S. and other Russian-speaking countries (such as the NIS) in a steady stream and in both directions. As the global village becomes more of a reality with every passing day, the interaction between Russian and English intensifies, and requires an ever-growing volume of translation in real time.

Some maintain that in time English will replace other languages such as Russian, Spanish, French etc. and will become the one language used by everyone in all international activities. Such claims were made in the past - in the time of the Roman Empire, for example. The fact remains, however, that at any given time in history there were always multiple cultural centers in the world, and even here in the United States, where English has been the dominant language for at least two centuries, other languages are gaining importance, and cultural pluralism, rather than disappearing, is flourishing.

The following exercises are designed to help you achieve a worthy and profitable goal - becoming an expert in improving communications between two of the world's major cultures and tongues - English and Russian.

General Comments

The following comments are offered with two purposes in mind: the immediate purpose is to help you with the assignments. The long-term purpose is to serve as reference material for actual translation work. Keep them for future use.

A reminder:
The "source language" is the language you translate from.
The "target language" is the language you translate into.

Every language has its own "personality," so to speak. When you translate, pretend you are two different persons - an "English Person" and a "Russian Person." The Russian Person reads the original Russian text, and becomes familiar with it. The Russian Person then turns to the English Person, and says to him/her, "**Okay, now it's your turn to say the same thing your way**." Now the English Person takes over, and starts writing the same text in English. You will be constantly switching back and forth between the Russian Person and the English Person, as the first checks the Russian word, phrase, sentence structure, and then the second thinks in English and comes up with the right equivalents. Here are some of the main language issues you will have to deal with:

Clarity

We each have our own personal style of expressing ourselves - in any language. Some people make their point clearly and succinctly, while others use more words than necessary, including esoteric words, to make their point. The same holds true in translation. You can translate the phrase, «о вкусѣх не спорят» as "it's a matter of taste," or you could also translate it correctly as "taste is not a matter to be argued about." In the first instance, only five words were used; in the second, nine. Most of the time, the first type of translation is better, because it is simpler and more readily understandable. Make it your point to pursue simplicity whenever possible.

Consistency

Most of the time, if you start out translating the word "дом" as "house," stick to "house," and don't start suddenly shifting to "building," or vice versa. The reader may become confused, wondering why the word suddenly changed. Generally in English, building is bigger than house, and one may wonder whether the dimensions of that particular structure might have changed. If you are familiar with word-processing you know how easy it is to do a "global search and replace" throughout the text, so that if halfway into the document you decide that "building" is better than "house," then go back to the beginning and do a global change, replacing the word "house" with "building."

Sentence Structure

It is difficult, yet very important, to ensure that sentence structure is correct and makes sense, yet still retains the flavor of the original text, particularly if this is written in a flowery, elaborate, or otherwise unique style. This fine line is achieved mainly through practice, but it is definitely helpful to read the original several times before even beginning the translation process in order to gain a good idea of the author's style.

It is not necessary to follow the structure of a sentence literally. A run-on sentence which may make sense in one language may not make sense in the other, and therefore should be divided into two sentences (or more). The converse is also true. You should also avoid being too literal when it comes to word order or your text will sound stilted, awkward, and artificial. You will need to rely on your own good writing skills in determining the most sensible word order and punctuation so that your translation flows smoothly.

Format

Format should be followed as closely as possible. Ideally, every page of translation should look exactly like the corresponding page of the original, except, of course, for the language. There is a very practical reason for this. It helps the reader, who may or may not know the source language, compare the two texts, make sure all the parts are there, and check a particular word or phrase in the source text. This, however, is not always possible, since a page of translation at times is longer than the same page in the source language. Nevertheless, every effort should be made to keep the format as similar as possible to the original.

Terminology

The use of the right terminology is critical in any translation, especially in any technical subject. Here the right kind of dictionaries and reference literature becomes very critical. Keep in mind, however, that dictionaries, no matter how good, are never complete, and do not provide all the answers. The other source of information is people who work in the field the particular translation covers. Their input is often more valuable than that of the dictionary, since they are the ones who work in the field and represent the potential readers of your translation.

The first thing to keep in mind about terminology - as was discussed before - is consistency. If you translate a word a certain way, do not change in the middle of the text to another synonym of the same word, even though it may be accurate. This will throw the reader off. The second thing is to make sure you are using the right terms, rather than trying to approximate them. Keep a list of those terms to maintain consistency throughout the document, and also for future use. If you continue to translate in the same technical field, these lists will become your most valuable translation tool.

Numbers

The use of commas and periods is reversed in numbers over 1000 (1.000 in Russian becomes 1,000 in English), and in decimals (0,5 in Russian, becomes 0.5 in English). Also, in Russian, zeros are never omitted in decimals. This is one example of cultural differences which must be closely observed.

Punctuation

Quotation marks are used in English much more sparingly than in Russian. Commas have their place in both languages, but not necessarily in the same places. These are just a few examples of how even a highly accurate translation will not always mirror its original text. You will often be called upon to be the judge, which involves a combination of excellent writing skills, knowledge of rules of grammar and punctuation, plus common sense.

Errors in the Source Text

Sometimes you will find that the original has errors, such as a misspelling where it is clear by the context that the author intended to say “однЂ” and not “онЂ,” or the sequence in a series of numbered clauses is wrong, or a name that has been in upper case letters suddenly appears as lower case, for no apparent reason. You can do a number of things in situations such as these. You can go ahead and make the correction and leave it at that. You can translate the text as is, and use the term [sic] after the error, to alert the reader. Or you can make a translator’s note on a separate sheet of paper. Ultimately, the client will have to decide what to do with it.

Untranslatable Words or Terms

You may run into a word, a term or a phrase which cannot be translated, or which should be left in the original language, but transliterated (such as, for instance, ωвоськЂ.) If there is a need to explain it, it can be done in a footnote or in parentheses (or brackets, which makes it clearer that the bracketed text is not part of the original) following the word (avos’ka [a fabric mesh bag with handles, readily collapsible to pocket-size]). As a general rule, however, it is best not to burden your translation with footnotes or parenthetic or bracketed text.

In Conclusion

The above notes are by no means exhaustive. They do not cover all the issues facing a translator. Language is not mathematics. Keep this in mind, and do the best translation job you possibly can.

Guidelines for Translating the Assignments

1. We are providing you a Russian text and an English translation of that same text. Pretend you don't have the English translation. If you read it before you do the assignment, you will not be able to do an honest job, and you will not derive the benefit of learning from your own mistakes.

2. Read the Russian text once for general comprehension. Underline any difficult words or passages.

3. As you start the translation process by reading the text for the first time (see 2., above), keep track of time, so that when you finish you will know how long it took you to translate the text. This is very critical, because you want to increase your translation speed as you go along. The rule is simple: The more words you translate per hour, the more money you will make. A very low hourly word-count can earn you less than minimum wage, which is not at all desirable. (Note: The hours indicated at the top right hand corner for each assignment include two numbers. The first is for beginners while the second number is for an experienced translator. Therefore, an assignment that would take a beginner 5-7 hours to complete might take an experienced translator 2 hours. The timeframe includes research, draft, and final copy.)

4. Read it again. This time make a list of difficult words, and make any notes regarding things you need to clarify about the text (e.g., look up something in an encyclopedia to better understand some concept or piece of information).

5. Try to determine which dictionaries and reference books you need for this assignment, get hold of them, and keep them nearby.

6. Now you are ready to start translating. Preferably, you will be using a computer. If this is too intimidating, write it out the first time. It will take longer, but you will have more time to think. Remember, your objective is to translate on computer, not in longhand. These days, if you want to earn money translating, you have to submit text on disk. There are hardly any exceptions to this requirement.

7. Do a draft translation. Go over the draft. Do the best you can to make the English sound like good, clear, correct English, which does not sound like Russian, and does not retain any Russian forms in either style, format, or any technical points. Be sure you did not omit anything. Ask yourself if you succeeded in conveying the correct sense of every idea and every word in the source text. Be sure you are comfortable with every single word you chose in English, and that you have no doubts or hesitations. If, after all this, you do have some questions, do not worry. No one expects you to do perfect work the first time around. You will do better next time.

8. Now that you have accomplished your translation, figure out the time it took you to reach your final version (including all the previous steps - namely, first reading, research, draft, and final copy).

9. Make a list of the words, passages, and concepts in the text where you encountered difficulty, and keep for future reference. This kind of record keeping will help you improve your performance, and serve as a reminder not to repeat the same mistake twice.

10. Print out your corrected and edited text.

Guides for Self-Evaluation

1. Turn to the English translation in Section 3, and compare it to yours. Next read the notes concerning the pitfalls and salient points of this text very carefully, and see how they compare to your own experience with the text. They may not necessarily coincide with everything you experienced personally, but they do provide you with some tips on the do's and don'ts of technical translation.

2. The most important thing for you to keep in mind as you compare your translation to the one in Section 3, is that there is no one absolutely correct way of translating a text. Many words can be translated in more than one way. Many sentences can be structured in more than one way. Many ideas can be conveyed in different words. In fact, your translation may turn out to be just as good, and in some spots even better than the one in the book.

3. Keep track of the shortcomings of your translation. The areas you are interested in are the following:

   Omissions - did you fail to translate any particular word or phrase, or even paragraph?

   Format - does your format follow the original (breaking into paragraphs, for instance)?

   Mistranslations - did you mistranslate any particular word?

   Unknown words - were there any words you were not able to translate?

   Meaning - did you miss the meaning of any particular phrase or sentence?

   Spelling - did you misspell a word?

   Grammar - did you make any grammatical mistakes?

   Punctuation - did you mispunctuate or miss any punctuation marks?

   Clarity - did you fail to clearly convey the meaning of any particular part of the text?

   Consistency - did you call something by one name, and then by another without good reason?

   Cognates - were you "tripped" by a word in the source text, whereby you mistranslated it because it looked the same, though it changes meaning in the target language (for instance, the word "actual"[«ЋктуЋльный»] exists in both English and Russian, but means two different things)?

Style - are you satisfied with the way your translation reflects the style of the original (for example, the original is written in a clear, direct style, while the translation sounds more complex and indirect)?

These are some of the questions you have to ask yourself. As you go on to translate other texts, always keep these questions in mind as you self-assess your translation. By improving your performance in the above areas, you are on the way to becoming an accomplished translator.

Part One

Translation: Russian into English

Section 2. Assignments

Assignment 1: General

3-4/2 hours

Деятельность инфраструктуры угрожает экологии Черного моря

Черное море питает бассейн площадью более 2 мн квадратных километров, занимающий часть территории 17 стран Центральной и Восточной Европы, бывшего СССР и Турции. В него впадает несколько крупных рек, включая Дунай, Дон, Днепр и Днестр. Являясь почти полностью закрытым водоемом, Черное море особенно уязвимо к изменениям количества и качества воды впадающих в него рек. В частности, воды Дона и Днепра широко использовались в ирригационных и других целях, для чего на реках была создана цепь водохранилищ.

Увеличение количества загрязняющих веществ в воде этих рек, особенно азотных и фосфорных удобрений, привело к размножению водорослей и ликвидации крупных нерестилищ рыбы. Кроме того, строительство плотин на крупных реках для целей судоходства, предупреждения наводнений, водоснабжения и, особенно, ирригации, серьезно изменило сезонный режим течения этих рек. В результате строительства плотин на этих реках уменьшился общий приток пресной воды в Черное море, повысилась засоленность морской воды в важных прибрежных районах и устьях рек, особенно в Азовском море, что еще более обострило проблемы, связанные с размножением рыбы. В итоге за последние тридцать лет запасы рыбы в Черном море сократились на 90 процентов.

При поддержке Глобального экологического фонда шесть стран, имеющих выход к Черному морю (Болгария, Грузия, Россия, Румыния, Турция и Украина), приступили к осуществлению региональной программы по изучению причин ухудшения состояния окружающей среды и выработке возможных решений. Ожидается, что меры, которые будут приниматься с целью регулирования применения удобрений и борьбы с точечными источниками загрязнения, помогут сократить количество поступающих в Черное море загрязняющих веществ. Предлагается также осуществить экспериментальные проекты по восстановлению рыбных ресурсов при новом уровне засоленности морской воды. В рамках Проекта сохранения окружающей среды, проводимого в России при поддержке Всемирного Банка, будет исследовано нижнее течение Дона для поиска путей изменения режима эксплуатации крупных водохранилищ и восстановления рыбных ресурсов на нижних участках реки.

Учитывая масштабы проблемы и важность этих водохранилищ для сельского хозяйства Украины и России, было бы нереально рассчитывать на радикальные изменения. Однако признание этой проблемы и разработка механизмов регионального сотрудничества делают такие изменения более вероятными.

Правильная организация работы предприятия коммунального обслуживания: компания водоснабжения "Уотер ютилити корпорейшн" в Ботсване

Компания "Уотер ютилити корпорейшн" (в дальнейшем БУЮК), созданная в Ботсване в 1970 г., имеет две основных задачи: обеспечение питьевой водой основных городских районов страны и осуществление обслуживания на основе финансово-хозяйственного расчёта.

В административном плане корпорация БУЮК подчиняется Министерству минеральных ресурсов и водного хозяйства. Заместитель министра занимает пост председателя правления корпорации, и до недавнего времени ему с успехом удавалось ограждать деятельность корпорации БУЮК от политического вмешательства. В определённой степени этому способствовало то, что работники администрации нанимались по контрактам (до 1990 г. это были, в основном, иностранцы, но впоследствии к работе привлекали всё большее число граждан Ботсваны). Возможно, единственный недостаток этой системы -двухгодичный срок действия контрактов,следствием которого было сосредоточение усилий при решении проблем на вариантах краткосрочного действия - ведь администраторам требовалось продемонстрировать эффективность своих решений в период действия контракта.

Корпорация БУЮК обеспечивает круглосуточное водоснабжение всех территорий, которые она обслуживает, при высоком качестве очистки, что делает Ботсвану одной из немногих стран в Африке, имеющих безопасные системы водоснабжения городов. Потери воды, составляющие около 15% в распределительной системе и 10% в процессе подачи неочищенной воды и очистки, вполне приемлемы. Суммарные потери порядка 25% можно считать хорошим показателем для коммунальных служб во многих индустриально развитых государствах. Такой низкий объём потерь свидетельствует о высокой квалификации инженеров корпорации БУЮК, которых привлекает повышенная заработная плата.

Корпорация БУЮК взимает плату по коммерческим тарифам, соответствующим уровню жизни в городах Ботсваны; при необходимости эти тарифы повышаются. Ежемесячно снимаются показания счётчиков и потребителям выставляются счета, которые должны быть оплачены в течение тридцати дней. Если оплата не производится, подача воды немедленно прекращается, а за повторное подключение взимается плата. Зафиксированы лишь немногочисленные случаи, когда потребители, отключённые от системы, пользовались водой, которой с ними делились другие абоненты. Корпорация БУЮК не колеблется, когда необходимо корректировать цены для регулирования спроса. В 1985-86 гг. корпорация повысила тарифы, чтобы противостоять последствиям сильной засухи. Эта мера значительно снизила спрос - до такого уровня, при котором каждый мог получать минимальное количество воды в период засухи, и позволила предприятию избежать приостановки водоснабжения. Дебиторская задолженность обычно составляет менее 2% суммы всех получаемых платежей, что свидетельствует об успешной реализации строгих правил оформления счетов и взимания платы.

Семья из шести человек, потребляющая примерно по 100 литров в день на человека, платит около 8,85 долл. в месяц, т.е. примерно 8% суммы своих доходов. Более состоятельная семья, потребляющая вдвое больше воды, платит около 32,25 долл. в месяц. Эти расценки довольно высоки по сравнению с платежами, взимаемыми другими коммунальными службами аналогичного типа в странах Африки, но они способствуют ограничению потребления и позволяют предприятию коммунального обслуживания не зависеть от дотаций правительства или перекачки средств из других секторов экономики.

Заслуживает внимания система "единого чека" для пользователей правительственных учреждений.

Министерство финансов осуществляет все ежемесячные платежи за правительственные учреждения и вычитает сумму этих платежей из денежных средств, выделяемых каждому министерству или департаменту. Данная процедура помогает избежать ставшего обычным в других странах накопления задолженности правительственных учреждений, пользующихся услугами инфраструктуры.

Однако в последнее время у этого предприятия коммунального обслуживания появились некоторые проблемы. После более чем двадцати лет успешной работы корпорация БУЮК сталкивается со всё более заметными трудностями при введении необходимых поправок в тарифы. Отставание в корректировке расценок может способствовать получению краткосрочной выгоды в политическом плане, но это приведёт также к увеличению потребления воды и увеличит риск нехватки воды в этой стране, обладающей весьма ограниченными водными ресурсами.

word count: 854

4-5/2.5-3 hours

Assignment 2: Legal

ДОГОВОР

Соглашение между компанией «Кэнэдиэн фармасутикс, инк.» с местопребыванием в Монреале, Канада, (именуемой далее "CPI") и Российским центром фармацевтической и медико-технической информации Министерства здравоохранения и медицинской промышленности Российской Федерации, расположенной по адресу: Россия 101497 Москва, ул. Пушкинская, 7 (именуемая далее "ФАРМЕДИНФО").

"CPI" разработана и поддерживается база данных CPИ DI® Database (именуемая далее "БАЗА ДАННЫХ"), на основе которой ею опубликован включающий три тома комплект книг, озаглавленный "CPI DI"), в который входит том I, озаглавленный "Информация о лекарственных средствах для специалистов здравоохранения" (далее отдельно именуемый "Том I"), том II, озаглавленный "Рекомендации для пациентов" (далее отдельно именуемый "Том II"), и том III, озаглавленный "Утвержденные лекарственные средства и законодательные требования" (отдельно именуемый далее "Том III");

"ФАРМЕДИНФО" изъявляет желание выполнить перевод, поддерживать БАЗУ ДАННЫХ на русском языке, публиковать и обновлять русскоязычное издание CPI DI, Тома I (именуемого далее "РУССКОЕ ИЗДАНИЕ"), выполнить перевод на русский язык и вводить БАЗУ ДАННЫХ в качестве составной части в различные программные продукты;

"CPI" готова предоставить "ФАРМЕДИНФО" лицензию в соответствии с условиями, оговоренными в настоящем Соглашении, на опубликование русскоязычных изданий CPI DI, Тома I как в печатном так и в электронном вариантах.

Учитывая вышеизложенные положения, Стороны договорились о нижеследующем:

1. ЛИЦЕНЗИЯ: В соответствии с настоящим Договором "CPI" предоставляет "ФАРМЕДИНФО" следующие лицензии:

а) ПЕЧАТНАЯ ПРОДУКЦИЯ:

1) Исключительное право на территории России и Содружества Независимых Государств, а также всех государств, ранее входивших в СССР (именуемых далее "ТЕРРИТОРИЯ") копировать, выполнять перевод, продажу и включать в русскоязычное издание, озаглавленное "Информация о лекарственных средствах. Адаптированное издание на основе CPI DI для специалистов

здравоохранения России" или имеющее другое взаимосогласованное название, полный текст или часть текста Тома I, а "ФАРМЕДИНФО" будет иметь на ТЕРРИТОРИИ неисключительное право на публикацию производной русскоязычной печатной продукции такой, как рефераты, резюме и подборки

2) Неисключительное право во всех других странах мира распространять РУССКОЕ ИЗДАНИЕ и производную продукцию, публикуемую "ФАРМЕДИНФО", за исключением того, что "CPI" сохраняет за собой исключительные права на их маркетинг и распространение в США, Канаде, Пуэрто-Рико и на Виргинских островах.

3) Настоящий Договор безоговорочно запрещает продажу или перепродажу лицензии на CPI DI или БАЗУ ДАННЫХ на любом языке Кубе как непосредственно, так и через какую-либо фирму, организацию или лицо, намеревающиеся осуществлять перепродажу или передачу лицензии на продукцию Кубе.

4) Настоящий договор безоговорочно запрещает "ФАРМЕДИНФО" передачу лицензии на переведенную БАЗУ ДАННЫХ другим сторонам с целью ее использования для печатания публикаций, которые будут продаваться или распространяться за пределами ТЕРРИТОРИИ.

5) В соответствии с настоящим Соглашением не представляются никакие права в отношении Томов II и III в печатном и электронном вариантах. Стороны договорились, что когда-либо позже они обсудят вопрос о возможности предоставления лицензии на эти тома.

6) "ФАРМЕДИНФО" соглашается переводить БАЗУ ДАННЫХ и Обновление БАЗЫ ДАННЫХ на непрерывной основе и опубликовать первоначально как печатный, так и электронный варианты РУССКОГО ИЗДАНИЯ по частям по мере их готовности к опубликованию.

б) ЭЛЕКТРОННЫЕ ВЕРСИИ

1) Исключительное право включать БАЗУ ДАННЫХ или ее часть в электронную версию Тома I "ФАРМЕДИНФО" (РУССКОЕ ИЗДАНИЕ) для распространения и предоставления лицензии на ТЕРРИТОРИИ.

2) Неисключительное право во всех других странах мира осуществлять разработку, маркетинг и лицензирование русскоязычной версии БАЗЫ ДАННЫХ, за исключением того, что "CPI" сохраняет за собой исключительное право на маркетинг и лицензирование в США, Канаде, Пуэрто-Рико и на Виргинских островах. Ограничение в отношении предоставления лицензии и продажи Кубе, содержащееся в разделе 1 а) 3) настоящего Договора, распространяется также на электронные версии.

3) В соответствии с настоящим Договором не предоставляются никакие права на предоставление лицензии другим фирмам или организациям за пределами ТЕРРИТОРИИ на опубликование электронных версий БАЗЫ ДАННЫХ.

в) ОПРЕДЕЛЕНИЯ: В том смысле, в каком они используются в настоящем Соглашении, термины "электронная версия" или "электронная продукция" означают предоставление информации по БАЗЕ ДАННЫХ дискеты или компакт-диски, или любой другой носитель информации.

г) СОХРАНЕНИЕ ПРАВ: "CPI" сохраняет за собой все права на англоязычную версию CPI DI и БАЗУ ДАННЫХ и сохраняет за собой право осуществлять разработку, распространение, маркетинг и лицензирование электронной продукции с использованием РУССКОЙ БАЗЫ ДАННЫХ "ФАРМЕДИНФО" в любой стране мира, за исключением ТЕРРИТОРИИ, оговоренной выше в пункте б) 1).

д) Учитывая, что "CPI" предоставляет вышеуказанные лицензии, "ФАРМЕДИНФО" в свою очередь предоставляет "CPI" лицензию на использование РУССКОГО ИЗДАНИЯ и БАЗЫ ДАННЫХ, переведенной на русский язык, в демонстрационных проектах в соответствии с соглашением о сотрудничестве с Агентством международного развития США (USAID) N HRN-0004-A-00-5001-00 на ТЕРРИТОРИИ без каких-либо лицензионных платежей от "CPI"
"ФАРМЕДИНФО" или любой другой организации или лицу.

2. ДАТА ВСТУПЛЕНИЯ В СИЛУ И СРОК ДЕЙСТВИЯ

а) Настоящий Договор вступает в силу на дату, когда он был принят и подписан "CPI", и первоначальный срок действия Договора составляет пять (5) лет с даты первого опубликования "ФАРМЕДИНФО" РУССКОГО ИЗДАНИЯ. Договор автоматически возобновляется на дополнительный срок, составляющий пять (5) лет, если только какая-либо из сторон не предупреждает об аннулировании по крайней мере за девяносто (90) дней до конечного срока действия договора; Договор далее предусматривает, что не позднее, чем за сто восемьдесят (180) дней до истечения первоначального срока, "CPI" и "ФАРМЕДИНФО", встречаются, чтобы пересмотреть лицензионные платежи на дополнительный срок, составляющий пять (5) лет.

б) В случае, если "ФАРМЕДИНФО" не сможет опубликовать РУССКОЕ ИЗДАНИЕ в течение двух (2) лет с даты оформления Договора "CPI", приведенной ниже, "CPI" может прекратить действие настоящего Договора путем письменного уведомления в любое время после этого. В случае, если "ФАРМЕДИНФО" не сможет опубликовать электронную версию с РУССКОГО ИЗДАНИЯ в течение 2,5 лет с даты оформления Договора "CPI" может прекратить действие прав на электронную версию, предоставленных по настоящему Договору путем письменного уведомления в любое время после этого. Срок, предусмотренный для опубликования "ФАРМЕДИНФО", может быть продлен на период времени, на который он был отложен в силу обстоятельств "ФОРС-МАЖОР"

в) В настоящем Договоре "ФОРС-МАЖОР" означает и включает в себя без ограничения стихийные бедствия, пожар, войну, землетрясение, забастовку, локаут, трудовой спор, гражданские волнения, судебные постановления (orders of court), перебои или нарушения в снабжении оборудованием, материальными ресурсами и любые другие обстоятельства, находящиеся вне сферы разумного контроля "ФАРМЕДИНФО".

г) В случае прекращения срока действия положений настоящего параграфа все права, предоставляемые в соответствии с настоящим Договором, возвращаются к "CPI" на дату вступления в силу прекращения срока действия Договора.

3. ОТВЕТСТВЕННОСТЬ "ФАРМЕДИНФО" И "CPI"

а) "ФАРМЕДИНФО" выполняет перевод англоязычной БАЗЫ ДАННЫХ на русский язык и обеспечивает непрерывную поддержку модифицированной русскоязычной версии БАЗЫ ДАННЫХ во взаимосогласованном электронном формате.

б) "CPI" высылает "ФАРМЕДИНФО" обновленную информацию БАЗЫ ДАННЫХ на английском языке для перевода на русский язык. Обновленная информация предоставляется в соответствии с взаимосогласованными форматом и графиком.

в) "CPI" может время от времени по своему усмотрению давать рекомендации "ФАРМЕДИНФО" по выполнению настоящего Договора.

word count: 976

3/1.5 hours

Assignment 3: Chemical/Medical

ВЛИЯНИЕ СТИРОЛА И ТЕТРАХЛОРЭТИЛЕНА НА ЭЛЕКТРИЧЕСКУЮ АКТИВНОСТЬ СЕТЧАТКИ

В настоящее время важное значение приобретает выявление начальных проявлений профессиональных заболеваний. При воздействии некоторых химических веществ функциональное состояние органа зрения нарушается раньше, чем наступают изменения со стороны других органов и систем [2]. Эти ранние нарушения функций органов зрения при интоксикации организма химическими веществами предпочтительно выявлять объективными методами, в частности, электрофизическими [1, 4, 6].

В литературе имеются сообщения об изменении электрической активности сетчатой оболочки глаза в ранней стадии воздействия на организм сероуглерода [3], ртути и свинца [7, 11], этилового спирта [10], пестицидов [9] и других профессиональных вредностей. Сведений о применении электрофизических методов исследования функций органа зрения при воздействии на организм стирола и тетрахлорэтилена в доступной литературе мы не встретили. В то же время эти вещества широко применяются в промышленности, а Всемирная организация здравоохранения рекомендовала дальнейшее изучение влияния их на центральную нервную систему.

Целью данной работы явилось изучение состояния электрической активности сетчатой оболочки глаза при хроническом воздействии стирола и тетрахлорэтилена на организм человека и при непосредственном воздействии на сетчатку in vitro. Были проведены клинические и экспериментальные электрофизические исследования.

Материал и методика. Клиническое исследование электроретинограммы (ЭРГ) было проведено у 252 работников Бакинского завода бытовых холодильников (БЗБК), которые составили три группы. Группа I состояла из 102 работников (204 глаза), контактирующих в процессе производства с парами стирола. Группу II составили 100 работников (200 глаз), контактирующих с парами тетрахлорэтилена. Концентрация стирола и тетрахлорэтилена в воздухе производственных помещений периодически превышала предельно допустимую концентрацию в 2-3 раза. Группа III -контрольная, состояла из 50 работников (100 глаз) административно-хозяйственного отдела этого же завода, которые не контактировали с профессиональными вредностями. Стаж работы обследованных во всех трёх группах был сходным - до 6 лет.

Перед регистрацией ЭРГ проводилось темповая адаптация в течение 10 минут. В качестве источника света использовалась импульсная лампа фотостимулятора FS-5-1 (ГДР), Для получения хроматических стимулов использовались цветные фильтры: красный со спектром пропускания 610 µм и синий - 410 µм. Потенциалы отводились с поверхности роговицы с помощью контактной линзы с фитильковым электродом, пропитанным физиологическим раствором, а усиливались и регистрировались электроэнцефалографом "Биоскрипт" (ГДР).

Экспериментальное исследование электроретинограммы проведено на изолированной сетчатке морской свинки и состояло из трёх серий опытов. Первая серия - контрольная, сетчатка этих животных (n = 10) не подвергалась воздействию стирола и тетрахлорэтилена. Во второй серии сетчатка животных (n = 20) подвергалась воздействию стирола в концентрациях 25, 100, 200 мкг/мл раствора. В третьей серии сетчатка животных (n = 20) подвергалась воздействию тетрахлорэтилена в концентрациях 50, 100, 200 мкг/мл раствора. Стирол и тетрахлорэтилен добавлялись в раствор Рингера, в котором они образовывали стойкую эмульсию.

Исследование ЭРГ изолированной сетчатки морской свинки проводили по следующей методике. Животные после трёх часов адаптации к темноте умерщвлялись методом декапитации. Сетчатка отделялась от пигментного эпителия глаза, настилалась в растворе Рингера на фильтровальную бумагу рецепторной стороной вверх и помещалась в перфузионную камеру. Через камеру объемом 0,1 мл со скоростью 2-3 мл в 1 минуту из термостатируемых кювет при температуре 37°C протекал насыщенный кислородом раствор Рингера.

Для фотостимуляции сетчатки использовался осветитель со стабилизированным источником питания и лампой накаливания мощностью 35 ватт. Биопотенциалы от сетчатки отводились с помощью хлорсеребряных электродов и подавались на вход усилителя на интегральной микросхеме КР544УД1А. Ответы фотографировались с экрана осциллографа С1-69.

word count: 465

3-4/2 hours

Assignment 4: Financial/Economic

РЕКОМЕНДАЦИИ МЕЖДУНАРОДНОГО КОНГРЕССА ПО БАНКОВСКОМУ ДЕЛУ В РОССИИ ПО ВОПРОСУ О РАЗВИТИИ РЫНКА КАПИТАЛОВ

1. Ходатайствовать перед Федеральным Собранием Российской Федерации о приостановлении вступления в действие первого предложения части 2 статьи 102 Части первой Гражданского кодекса Российской Федерации и пересмотреть его, введя в действие одновременно с введением в действие Части второй Гражданского кодекса Российской Федерации.

Обоснование: Указанное предложение имеет следующую редакцию:

"Акционерное общество вправе выпускать облигации на сумму, не превышающую размер уставного капитала либо величину обеспечения, предоставленного обществу в этих целях третьими лицами, после полной оплаты уставного капитала."

Фактически, в данной статье устанавливается экономический норматив соотношения между отдельной частью собственных средств А/О

и одним из видов привлечения денежных средств А/О. Это решение имеет ряд существенных недостатков.

Во-первых, указанный норматив устанавливается в главном экономическом законе страны, что фактически делает невозможным его дальнейшую корректировку в зависимости от экономической ситуации.

Во-вторых, устанавливается конкретная величина этого норматива, что исключает всякий маневр ресурсами А/О. Почему подобного ограничения нет у товариществ и других типов обществ? Почему норматив установлен именно в соотношении 1:1, а не например, 1:2 или 1:0,5? Почему указанный норматив введён только для облигаций, и не установлен также для других видов долговых ценных бумаг (векселей, чеков, сертификатов и пр.)? Представляется, что это - следствие недопонимания авторами данной статьи сути вводимого ограничения.

В-третьих,указанный норматив установлен без дифференцирования по видам деятельности А/О. Например, для коммерческого банка, действующего в форме А/О, указанное ограничение является просто абсурдным. У банка должны быть свои нормативы ликвидности и достаточности капитала, совершенно не похожие на установленный в ГК РФ коэффициент. Так, например, международные нормы и действующие в России банковские правила разрешают банку иметь соотношение между собственным и заёмным капиталом в среднем в соотношении около 1:20. Каким образом банку привлекать средства - путём выпуска облигаций, депозитных сертификатов, приёма вкладов, привлечения средств на текущие счета - это должно быть делом банка. Главное - чтобы он не выходил за рамки общего норматива достаточности капитала. Принятый Гражданский кодекс РФ неоправданно ограничивает банки в выборе способов привлечения средств, ставит их на одну доску с производственными и торговыми.

Кроме того, не совсем ясно, что авторы имели в виду под фразой "величина обеспечения, предоставленного обществу в этих целях третьими лицами". Не ясно, о какого рода обеспечении идет речь - о гарантии, материальном залоге, денежном депозите.

Предлагается вместо первого предложения части 2 статьи 102 Части первой Гражданского кодекса Российской Федерации вставить в статью 66 часть 8 следующего содержания:

"Хозяйственное товарищество или общество вправе выпускать облигации или иным способом привлекать заёмный капитал только в пределах нормативов, установленных в зависимости от рода его деятельности законом или в определённом им порядке."

2. Просить Государственную Думу приступить к рассмотрению в первом чтении законопроекта "О рынке ценных бумаг", приняв его в качестве базового и включив в него все положительные стороны других внесённых законопроектов.

3. Просить Правительство Российской Федерации направить средства иностранной технической помощи, а по возможности - и государственные средства - на развитие инфраструктуры фондового рынка (под контролем Комиссии по ценным бумагам и фондовому рынку при Правительстве Российской Федереции) при условии соблюдения принципа конкурсности и полной открытости при отборе и последующей реализации проектов. При этом необходимо отдавать предпочтение регионализации создаваемой инфраструктуры.

4. Поддержать предложение Центрального банка Российской Федереции о создании единой депозитарно-клиринговой организации, которая бы технологически связала российский фондовый рынок с международными финансовыми рынками.

К созданию такой организации необходимо привлечь значительное число заинтересованных российских банков и других финансовых организаций, которые бы участвовали на равноправных условиях в капитале и управлении такой организацией. Необходимо не допустить монополизации управления этой единой депозитарной-клиринговой организацией со стороны отдельных крупных участников рынка, максимально рассредоточив капитал и управление обществом. Стратегический государственный контроль за этой организацией может осуществлять Комиссия по ценным бумагами фондовому рынку при Правительстве Российской Федерации. Участие в капитале и текущий операционный контроль целесообразно было бы возложить на Банк России, как на "нейтральное" в конкурентной борьбе лицо.

Предложить Центральному банку Российской Федерации начать мероприятия по созданию такой организации.

5. Предложить Центральному банку Российской Федерации совместно с комиссией по ценным бумагам и фондовому рынку при Правительстве Российской Федерации разработать программу государственной поддержки создания и деятельности депозитарно-клиринговых организаций, обслуживающих различные сегменты и регионы российского фондового рынка. При этом целесообразно предусмотреть разработку единых стандартов и правил деятельности депозитариев, регистраторов, клиринговых организаций по ценным бумагам.

6. Просить Комиссию по ценным бумагам и фондовому рынку при Правительстве Российской

мероприятия по создЋнио тЋкой оргωнизЋции.

5. Предложить ЦентрЋльному бЋнку Российской ФедерЋции совместно с комиссией по ценным бумωгωм и фондовому рынку при ПрЋвительстве Российской ФедерЋции рЋзрЋботЋть прогрЋмму госудЋрственной поддержки создЋния и деятельности депозитЋрно-клиринговых оргωнизЋций, обслуживЋющих рЋзличные сегменты и регионы российского фондового рынка. При этом целесообрЋзно предусмотреть рЋзрЋботку единых стЋндЋртов и прЋвил деятельности депозитЋриев, регистрЋторов, клиринговых оргωнизЋций по ценным бумωгωм.

6. Просить Комиссио по ценным бумωгωм и фондовому рынку при ПрЋвительстве Российской ФедерЋции скорее определиться с рЋспределением функций по госудЋрственному регулировЋнио рынка ценных бумωг, нЋчЋть своо деятельность, принять пЋкет соответствуощих нормωтивных документов.

7. Просить Комиссио по ценным бумωгωм и фондовому рынку при ПрЋвительстве Российской ФедерЋции приступить к рЋзрЋботке системы нормωтивных ωктов по вопросЋм контроля добросовестности и прЋвильного использовЋния служебной информωции сотрудникЋми профессионЋльных учЋстников рынка ценных бумωг и госудЋрственных оргωнов, связЋнных с контролем за рынком ценных бумωг.

8. Предложить Комиссии по ценным бумωгωм и фондовому рынку при ПрЋвительстве Российской ФедерЋции включить в состЋв своего Экспертного советЋ предстЋвителей бЋнковского сообществЋ - из числЋ лиц, рекомендовЋнных Ассоциацией Российских БЋнков.

АССОЦИАЦИЯ РОССИЙСКИХ БАНКОВ заверяет ПрЋвительство Российской ФедерЋции, ЦентрЋльный бЋнк Российской ФедерЋции, Комиссио по ценным бумωгωм и фондовому рынку при ПрЋвительстве Российской ФедерЋции о том, что Ассоциация готовЋ предостЋвить квЋлифицировЋнных специалистов и оказать посильнуо методологическуо и оргωнизЋционнуо помощь в процессе решения лобого из вышеперечисленных вопросов.

word count: 809

Section 3. Translation of Assignments and Notes

Assignment 1: Translation

Infrastructure activities threaten the Black Sea environment

The Black Sea is fed by a basin of more than 2 million square kilometers, covering parts of seventeen countries in Central and Eastern Europe, the former Soviet Union, and Turkey. It receives the inflows of several major rivers, including the Danube, Don, Dnieper, and Dniester. As an almost fully enclosed water body, the Black Sea is especially vulnerable to changes in the quantity and quality of inflows from these rivers. The Don and Dnieper, in particular, have been highly developed for irrigation and other purposes through a chain of reservoirs.

Increasing pollutant loads from these rivers - especially the nutrients nitrogen and phosphorus - have led to algal blooms and the destruction of important nursery areas for fish. In addition, damming of the major rivers for navigation, flood control, water supply, and, above all, for irrigation, has considerably altered the seasonal flow patterns of these rivers. The damming has also decreased the total inflow to the Black Sea, resulting in an increase in salinity in critical coastal and estuarine areas, especially in the Sea of Azov, which creates further problems for fish breeding. The overall result is a 90 percent decline in the once-productive Black Sea fishery over the last thirty years.

With assistance from the Global Environment Facility, the six Black Sea countries (Bulgaria, Georgia, Romania, Russia, Turkey, and Ukraine) have begun a regional program to analyze the causes of observed environmental degradation and to propose solutions. Actions in the basin to regulate fertilizer use and to control point sources of pollution are expected to result in reductions of nutrient inflows. Pilot projects are proposed to restore fish production under the new salinity conditions. Under the Bank-supported Environmental Management Project for Russia, a study of the Lower Don Basin will investigate ways to alter the operating rules for the major reservoirs to promote greater fish regeneration downstream.

Given the size of the problem and the importance of these reservoirs in the agricultural economies of Ukraine and Russia, it would be unrealistic to expect dramatic changes. Nevertheless, recognition of the problem and the development of mechanisms for regional cooperation now make progress much more likely.

The right way to run a public utility: a look at Botswana's Water Utility Corporation

Created in 1970, Botswana's Water Utility Corporation (BWUC) has two primary responsibilities: to provide potable water to the country's principal urban areas and to operate a financially self-supporting service.

BWUC is under the administrative jurisdiction of the Ministry of Mineral Resources and Water Affairs. The ministry's deputy secretary is chairman of the board, and until recently he has been successful in keeping political influence out of the conduct of BWUC's operations. This effort has been helped to some extent by contracting out management (until 1990 mostly to expatriates, but increasingly to nationals). The only possible defect in this arrangement is that contracts are for two years, which focuses problem solving on short-term solutions because managers want to be able to show the effect of their decisions while still under contract.

BWUC maintains a twenty-four-hour supply of water to all its service areas, with high-quality treatment. Botswana is therefore one of the few countries in Africa with a safe urban water supply. Water losses are acceptable, at about 15 percent in the distribution system and 10 percent in the raw-water transmission and treatment processes. The overall loss of about 25 percent would be considered good by utilities in many industrial countries. These low losses reflect the good quality of BWUC's engineers, who are attracted by competitive salaries.

BWUC charges commercially oriented tariffs appropriate for the urban conditions in Botswana, and tariffs are increased when necessary. Meters are read and consumers are billed monthly, with thirty days to pay. Supply is cut off immediately if payment is not made, and there are charges for reconnection. Little evidence exists that consumers who have been cut off are sharing with others in order to retain supply. BWUC does not hesitate to adjust prices as needed in order to manage demand. In 1985-86 charges were raised to counter the effects of a severe drought. This action effectively reduced demand to the point where everyone could obtain a minimum quantity of water during the drought and avoided the need to cut supplies. Accounts receivable are usually less than 2 percent of all the amounts collectible, attesting to the success of strict billing and collection procedures.

A family of six people consuming about 100 liters a day per capita pays about $8.85 a month — approximately 8 percent of its income. Reducing consumption to 80 liters lowers the water bill to about 5 percent of income. A wealthier family consuming twice that much would pay about $32.25 a month. These charges are high in comparison with those levied by similar utilities in Africa, but they have the effect of constraining consumption and ensuring that the utility does not have to rely on subsidies from the government or from other sectors in the economy.

A noteworthy achievement is the "one-check" system for government users. The Ministry of Finance meets all monthly charges for the government and deducts them from the cash allocations of each ministry or department. This procedure avoids the accumulation of arrears by government users of infrastructure services that is common elsewhere.

Recently, however, the utility has begun experiencing problems. After more than twenty years of successful operation, BWUC is finding it increasingly difficult to adjust its rates as required. lags in tariff adjustments may yield short-term political gains, but they will also allow water consumption to grow and increase the risks of water shortages in this severely water-scarce country.

Assignment 1: Notes

Чёрное море питает бассейн (line 8) - This is a fairly rare case, where only understanding the context can help you tell the subject from the object.

В частности, воды Дона и Днепра... (lines 12) - This is an instance of well-justified rephrasing in the translation, since a literal translation from Russian would sound awkward.

Pay attention to the translation of proper names and terms such as:

перестилища (line 16) - nursery areas.
сезонный режим течения (line 18) - seasonal flow patterns, etc.
засоленность (line 20) - salinity.
экспериментальные проекты (line 30) - pilot project.

Ожидается, что... (lines 27) - This impersonal phrase is appropriately rendered by a subject pattern "...are expected to..." This is true of many Russian impersonal verbs that require a clause preceded by «что».

В рамках...при поддержке Всемирного Банка (lines 31-32) - Again, the translation differs from the Russian pattern in order to make it stylistically acceptable.

«Уотер ютилити корпорейшн» (в дальнейшем - БУЮК) (page 2, line 1) - The name of a company has been transliterated and enclosed in quotation marks, with only the first word (and proper names, if any) capitalized. If an acronym was created, you might want to trace it back to the original - frequently English - name, in order to restore the original acronym.

«Осуществление. . . финансово-хозяйственного расчёта» (line 3) - Operate a financially self-supporting service. The Russian verbs «осуществлять, проводить» as well as nouns derived therefrom are simply attributes of formal style and can easily be disregarded.

...что делает Ботсвану одной из немногих стран... (lines 16) - The Russian phrase was split in two to make the English text more manageable. Formal Russian style generally uses longer phrase with complex clauses.

Зафиксированы лишь немногочисленные случаи, когда... (lines 28) - The English pattern differs noticeably from Russian without any loss in the meaning. The English phrase uses no commas at all where the Russian punctuation calls for as many as three.

Эта мера значительно снизила спрос.... (lines 31-32) - Once again, notice the two commas and the dash in the Russian phrase where the English needs no punctuation.

Эти расценки...по сравнению с платежами (line 39-40) - Notice that both «расценки» and «платежи» are rendered as "charges" within the context.

Осуществляет все ежемесячные платежи (page 3, line 1) - "Meets all monthly charges" is a noteworthy example of finding a not-so-obvious English equivalent for a Russian expression. The same is true for the following pair below:

Assignment 2: Translation

Agreement between The Canadian Pharmaceutics, Inc., with offices in Montreal, Canada, (hereinafter referred to as "CPI") and the Russian Centre for Pharmaceutical and Medico-technical Information of the Ministry of Health and Medical Industry of the Russian Federation, with offices at 7, Puskinskaya St., Moscow 101497, Russia (hereinafter referred to as PHARMEDINFO).

WHEREAS, CPI has developed and maintained a data base, entitled CPI DI® Database (hereinafter DATABASE) from which it has published a three-volume set of books entitled "CPI DI" (hereinafter referred to as the "CPI DI") consisting of Volume I, titled "Drug Information for the Health Care Professional" (hereinafter separately referred to as "Volume I") and Volume II, titled "Advice for the Patient" (hereinafter separately referred to as "Volume II") and Volume III, titled "Approved Drug Products and Legal Requirements" (hereinafter separately referred to as "Volume III");

WHEREAS, PHARMEDINFO wishes to translate and maintain the DATABASE in Russian and to publish accurate an up-to-date Russian language editions of CPI DI, Volume I (hereinafter referred to as the RUSSIAN EDITION), and to translate into Russian and include the DATABASE as part of various computer-based products;

WHEREAS, CPI is willing to grant to PHARMEDINFO a license in accordance with the terms specified herein to publish Russian language editions of CPI DI, Volume I in both print and electronic formats;

NOW THEREFORE, in consideration of these premises, the Parties mutually agree as follows:

1. **LICENSE**: CPI hereby grants to PHARMEDINFO the following licenses:

a. PRINT PRODUCTS:

1) The exclusive right in the country of Russia and other Newly Independent States and all states previously part of the Soviet Union (the TERRITORY) to copy, translate, sell and incorporate into a Russian language edition, entitled, "Drug Information. Adapted Edition Based on CPI DI, For Health Care Professionals of Russia," or other title as mutually agreed, the full text or part of the text of Volume I, and PHARMEDINFO shall have a non-exclusive right to publish derivative Russian language print products in the TERRITORY, such as abstractions, condensations and selections.

2) The nonexclusive right in all other countries of the world to distribute the RUSSIAN EDITION and PHARMEDINFO-published derivative products, except that CPI retains the exclusive rights for marketing and distribution of same in the United States, Canada, Puerto Rico and the Virgin Islands.

3) This Agreement expressly prohibits the sale or licensing of the CPI DI or the DATABASE in any language into Cuba, either directly or through any company, organization or person who intends to resell or license the product into Cuba.

4) This Agreement expressly prohibits PHARMEDINFO from licensing the translated DATABASE to other parties for use in printing publications to be sold or distributed outside the TERRITORY.

5) No rights to Volumes II or III in print or electronic form are granted by this Agreement. The parties agree that at some later date they will discuss the possibility of a license for these Volumes.

6) PHARMEDINFO agrees to translate the DATABASE and its Updates on a continuous basis and to publish initially both printed and electronic versions of the RUSSIAN EDITION section by section as soon as they are ready for publication.

b) ELECTRONIC VERSIONS:

1) The exclusive right to incorporate the full or a portion of the DATABASE into a PHARMEDINFO electronic version of Volume I (RUSSIAN EDITION) for distribution and licensing in the TERRITORY.

2) The nonexclusive right in all other countries of the world to develop, market and license a Russian-language version of the DATABASE, except that CPI retains exclusive rights for marketing and licensing in the United States, Canada, Puerto Rico and the Virgin Islands. The restrictions on licensing or selling into Cuba contained in Section 1 a) 3) of this Agreement also applies to electronic versions.

3) No rights to license other companies or organizations outside of the TERRITORY to publish electronic versions of the DATABASE are granted by this Agreement.

c) DEFINITIONS: As used in this Agreement, the terms “electronic version” or “electronic product” mean delivery of the information in the DATABASE via a computer where the storage device includes magnetic tape, hard disks, diskettes or compact discs, or other information transfer media.

d) RETENTION OF RIGHTS: The CPI retains all rights in the English language version of the CPI DI and the DATABASE and retains the right to develop, distribute, market and license electronic products using PHARMEDINFO’s Russian DATABASE anywhere in the world, except for the exclusion for the TERRITORY noted in clause b) 1) above.

e) In consideration of the granting of these licenses by CPI, PHARMEDINFO also grants a license to CPI to use the RUSSIAN EIDTION and the DATABASE as translated into Russian for use in demonstration projects under USAID Cooperative Agreement No. HRN-0004-A-00-5001-00 in the TERRITORY without the payment of any royalties by CPI to PHARMEDINFO or any other entity or person.

2. EFFECTIVE DATE AND TERM

a) This Agreement shall become effective on the date accepted and executed by CPI, and the term shall extend for an initial period of five (5) years after the date of PHARMEDINFO's first publication of the RUSSIAN EDITION. The Agreement shall renew automatically for an additional five (5) year period, unless either party gives notice of cancellation at least ninety (90) days prior to the expiration date; provided, further, that no later than one hundred and eighty (180) days prior to the expiration of the initial period, CPI and PHARMEDINFO will meet to renegotiate the royalty payments for the additional five (5) year period.

b) In the event PHARMEDINFO fails to publish the RUSSIAN EDITION within two (2) years from the CPI execution date below, CPI may terminate this Agreement upon written notice at any time thereafter. In the event PHARMEDINFO fails to publish an electronic version of the RUSSIAN EDITION within 2.5 years from the CPI execution date below, CPI may terminate the rights for electronic products granted by this Agreement upon written notice, at any time thereafter. PHARMEDINFO's time to publish shall be extended by the period of time it was delayed by "force majeure."

c) As used herein "force majeure" shall mean and include without limitation, Acts of God, fire, war, earthquake, strike, lockout, labor controversy, civil commotion, orders of court, shortages or interruption of facilities or material supply and any other circumstances beyond PHARMEDINFO's reasonable control.

d) In the event of termination under the provisions of this Paragraph, all rights granted hereunder will revert to CPI on the effective date of termination.

3. RESPONSIBILITIES OF PHARMEDINFO AND CPI

a) PHARMEDINFO will translate the English DATABASE into Russian and maintain a continuously revised Russian language version of the DATABASE in a mutually agreed electronic format.

b) CPI will send updates of the DATABASE in English to PHARMEDINFO for translation into Russian. The updates will be provided on a mutually agreed-upon format and timetable.

c) CPI may, from time to time, at its sole option, provide advice to PHARMEDINFO on implementing this Agreement.

Assignment 2: Notes

General comments:

a. Subject matter

This text represents a specific area of law; namely, copyright law as it applies to business agreements. With this in mind, one should be sensitive to the fact that this original Russian text, which relates to agreements between Russian and U.S. companies, respectively, reflects U.S. terminology in this specific area. The translation is obviously intended for use in the U.S., and therefore should reflect local legal usage. Here a good Russian-English legal dictionary would be most useful.

b. Format

We draw your attention to the fact that the original text is typed in a legal text format, following established form. Therefore, the English translation was formatted to look like the original, and each page of translation corresponds exactly to each page of the original. This was done for several good reasons: (a) an end-user of a translation would often need to compare the two texts, and this exact replication makes it very easy to compare, as well as to make sure nothing is missing; (b) it helps the translator to check his/her own work, making sure nothing was left out; and (c) it conveys the sense of orderliness and accuracy which is critical in legal documents.

Notice the WHEREAS that appears in English, parallelled by NOW THEREFORE. This is a pattern that is required for a legally binding agreement in English but has no Russian equivalent.

В соответствии с настоящим Договором (line 35) - hereby. This is a case of Russian "legalese" versus English "legalese"

Выполнять перевод, продажу (line 42) - The Russian verbs «выполнять, производить, осуществлять. проводить» as well as nouns derived therefrom are attributes of formal style and can easily be disregarded.

В том смысле, в каком они используются... (page 2, line 36) - As used. Good usage overrides any literal rendition.

Учитывая, что CPI предоставляет... (page 3, line 2) In consideration of the granting... This is what good English usage calls for. Notice also that the four (4) Russian commas in this phrase are matched by only one (1) comma in English

Дата вступления в силу и срок действия (line 9) - Effective date and term. These are set expressions, both in Russian and English.

В случае, если «Фармединфо» не сможет опубликовать... (line 20) In the context of a legal text, the first option to be considered for «не сможет» is, generally speaking, "fails to", rather than "cannot" or "is unable to...", etc.

В случае прекращения срока действия (line 35) - In the event of termination. This is a set expression, and no literal options should be considered, even though a dictionary would offer "termination", for «прекращение» per se.

Обновлённая информация (page 4, line 2) - Updates. This is a relatively new term.

Additional observations:

Since legal documents such as business agreements contain a fairly standard text, you may want to get hold of one or more such English-language agreements to familiarize yourself with the style and terminology. Clearly, one does not always have the time and means to obtain this kind of information, but if this is a subject you expect to translate fairly regularly, it is worth the effort.

Also, it is important to know the purpose of a particular translation, although a translator is not always given this information by the client. If it is to be used as a legally binding agreement, it has to be accurate to the point of being accepted as a legal contract. On the other hand, if it is only for information purposes - say the end-user in this case does not read Russian - then you need not spend nearly as much time and effort to make sure every single word is the best possible equivalent of the original.

THE EFFECTS OF STYROLE AND TETRACHLORETHYLENE ON THE ELECTRICAL ACTIVITY OF THE RETINA

At the present time, the initial symptoms of job-related illnesses have attracted much attention. Under the influence of some chemical substances, the condition of the eye is affected earlier than other organs and systems [2] [Translator's note: bibliographical citations will be given in brackets]. These early symptoms of ocular malfunctions when the organism is toxified by chemical substances are best ascertained by objective methods; particularly by electrophysiological methods [1, 4, 6].

Medical literature contains information about changes in the electrical activity of the eye's retinal membrane in early stages of the influence of carbon bisulfide [3], mercury and lead [7, 11], ethyl alcohol [10], pesticides [9] and other job-related toxins. Up to now, no one has encountered any available information about the use of electrophysiological methods of studying eye function under the organism's exposure to styrole and tetrachlorethylene. At the same time, these substances are widely used in industry, and the World Health organization has recommended further study of the effects of these substances on the central and peripheral nervous systems.

The purpose of this article is to examine the state of the electrical activity of the retinal membrane when the human organism is under chronic exposure to styrole and tetrachlorethylene and also their immediate effects *in vitro*. Clinical and experimental electroretinographic studies were conducted for purposes of this report.

Materials and Methods. The clinical study of electroretinograms (ERGs) was carried out with 252 subjects employed at the Baku Air Conditioner Factory. The subjects were divided into three groups. Group I consisted of 102 workers (204 eyes) who had in the performance of their jobs been exposed to styrole vapor. Group II (100 workers, 200 eyes) consisted of workers exposed to tetrachlorethylene vapors. The styrole and tetrachlorethylene concentrations in the air at their job sites periodically exceeded the maximum permissible concentration by 2-3 times. Group III was the control group of 50 persons (100 eyes) employed in the administrative offices of the same plant, and who had had no exposure to either of these substances. All of the subjects in all three groups had been at their present jobs for 6 years.

Before the electroretinograms were recorded, the subjects' eyes were allowed 10 minutes to adapt to darkness. The light source used was an FS-5-1 (made in the GDR) pulse photostimulator lamp. Color filters were used for chromatic stimulation: a red filter with a spectral transmission of 610 nm and a blue filter of 410 nm. Voltages were recorded from the surface of the corneas by contact lenses with wick electrodes soaked in a physiological solution. The voltages were amplified and recorded by a "Bioskript" electroencephalogram made in the GDR.

The experimental studies of the electroretinograms were made on an isolated retina of a guinea pig and consisted of three series of experiments. The first series was the control series, and the retinas of these animals (n=10) did not show any effects from styrole and tetrachlorethylene. In the second series, the retinas of these animals n-\=20) were exposed to tetrachlorethylene in concentrations of 25, 100 and 200 µg/ml of solution. Styrole and tetrachlorethylene were added to Ringer solution, forming a stable emulsion.

The electroretinograms of the guinea pig retinas were studied using the following method: after three hours of adaptation to darkness, the animals were decapitated. The retina was separated from the pigment epithelia of the eye, spread out in Ringer solution on filter paper with the receptor side up, and then placed in a perfusion chamber. Ringer solution saturated with oxygen was dripped from a cuvette thermally stabilized to 37°C through a 0.1 ml chamber at a rate of 2-3 ml per minute.

To photostimulate the retinas, a light with a stabilized power supply and a 35 V incandescent lamp were used. The biovoltages from the retinas were recorded using silver chloride electrodes and fed into an amplifier on a KR544UD1A integrated microcircuit. Responses were photographed on the screen of an S1-69 oscillograph.

Assignment 3: Notes

General comments:

a. Subject matter

Though this particular assignment presents many examples of specific terminology, the text itself is straightforward and presents no real difficulty in terms of sentence structure or language style. Unless one is thoroughly familiar with the technical terms in this text, it would be best not to start translating right away, but first to make a list of all such terms in the text one is not certain of.

b. References

A good scientific/biological dictionary should have all or nearly all of the technical terms of this text. If, after thorough consultation with such a source, you still have an unknown term, the next thing to do is call someone with an appropriate professional background.

Bear in mind that exact sciences have a well-defined and fairly limited vocabulary. After doing this kind of an assignment several times, you will be able to do it much faster and with minimal time spent on research.

Целью данной работы явилось изучение... (line 21) - It is advisable to translate Russian verb-derived nouns, especially in longer phrases, as verbs.

Были проведены ...исследования (lines 24-25) - The post-predicate position of the subject indicates that it is to be matched, in English, by an indefinite article or a zero-article subject.

See also:

Контактирующих (line 29) - Although "exposed" is not immediately obvious, it is the right choice.

Темновая адаптация (line 36) - This term was translated through a paraphrase.

использовались...цветные фильтры (line 37-38).

Потенциалы отводились (line 40) - "Voltages were recorded." This translation is an attempt to follow the author's train of thought - at least in general.

Подвергалась воздействию (page 2, line 4) - This time, the Russian is different than in line 47, but the English is the same - "was exposed to."

Assignment 4: Translation

RECOMMENDATIONS OF THE INTERNATIONAL CONGRESS ON BANKING MATTERS IN RUSSIA ON THE PROBLEM OF CAPITAL MARKET GROWTH

1. Petition the Federal Assembly of the Russian Federation to halt implementation of the first phrase of Section 2 of Article 102 of the first part of the Civil Code of the Russian Federation and review it, making it effective at the same time that the second part of the Civil Code of the Russian Federation becomes effective.

Substantiation: This proposal reads as follows:

"*A joint stock company has the right to issue bonds in an amount which does not exceed the quantity of the legal capital or the amount of security offered to the company for these purposes by third parties, upon complete reimbursement of the legal capital.*"

Actually, this article establishes an economic standard for the relationship between a part of the internal funds of the joint stock company and a variety of the joint stock company's borrowed finances. This decision has a number of substantial deficiencies.

First, this standard is established in the main economic law of the country which actually makes its subsequent amendment based on the economic situation impossible.

Second, a specific value of this standard is established which eliminates any freedom of use of resources by the joint stock company. Why is the standard established precisely at a ratio of 1:1, and not, for example, at 1:2 or 1:0.5? Why is there no such limitation for partnerships or other kinds of associations? Why is this standard being introduced only for bonds, and not for other kinds of debt securities (promissory notes, checks, certificates and others)? This seems to be due to a failure of the authors of this article to understand the essence of the introduced limitation.

Third, this standard has been established without differentiation of the kinds of activities of joint stock companies. For example, for a commercial bank which operates as a joint stock company, this limitation is simply absurd. A bank must have its own standards of liquidity and capital sufficiency, which are not at all similar to the ratio established in the Civil Code of the Russian Federation. For example, international norms and banking regulations which are currently effective in Russia allow a bank to have an average ratio between its own and borrowed capital of about 1:20. The manner in which the bank attracts funds - by issuing bonds and certificates of deposit, accepting deposits, attracting funds for checking accounts - should be a matter to be decided by the bank itself. The main point is that it does not exceed the limits of the general standard of capital sufficiency. The adopted Civil Code of the Russian Federation unjustifiably limits banks in selecting their methods of attracting funds and puts them on the same level with manufacturing and retailing organizations.

Moreover, it is not entirely clear what the authors have in mind by the phrase "amount of security offered to a company for these purposes by third parties." It is not clear what kind of security is meant - a guarantee, material pledge, or monetary deposit.

It is proposed that the following be inserted in Article 66, Section 8 in place of the first phrase of Section 2, Article 102 of the first part of the Russian Federation Civil Code:

"An economic partnership or association has the right to issue bonds or attract borrowed capital in another form only within limits of the standards established by law or according to procedures defined by the law based on the kind of activities it pursues."

2. Ask the State Duma to initiate deliberations on the reading of the first draft of the bill entitled "On the securities market," adopting it as the baseline and including all positive features of other introduced legislation therein.

3. Ask the Government of the Russian Federation to channel means of foreign technical assistance - and if possible governmental funds - towards the development of a stock market infrastructure (monitored by the Securities and Stock Market Committee under the Government of the Russian Federation) provided that the principles of competition and complete openness in the selection and subsequent implementation of projects are strictly observed. In doing so, it will be necessary to show preference for regionalization of the infrastructure to be created.

4. Support the proposal of the Central Bank of the Russian Federation to create a single depository-clearing facility, which would technically link the Russian stock market with international financial markets.

The creation of such a facility must involve a considerable number of concerned Russian banks and other financial institutions which would share equally in the capital and management of this facility. Monopolization of control of this single depository-clearing facility by individual major participants in the market must be prevented by deconcentrating capital and control of the association as much as possible. Strategic governmental control of this organization can be effected by the Securities and Stock Market Committee of the Russian Federation Government. Participation in raising capital and ongoing operational monitoring are best entrusted to the Bank of Russia, as a "neutral" entity in the competitive struggle.

Propose to the Russian Federation Central Bank that it initiate measures to create such an organization.

5. Propose that the Russian Federation Central Bank, together with the Securities and Stock Market Committee of the Russian Federation Government, develop a program of governmental assistance to the creation and operation of depositary and clearing facilities in support of different segments and regions of the Russian stock market. It would be expedient to provide development of unified standards and regulations for the operation of deposit-accepting institutions, registration offices, and clearing facilities for securities.

6. Ask the Securities and Stock Market Committee of the Russian Federation Government to speed up the finalizing of its position regarding assignment of functions involved in governmental regulation of the market and securities, begin its operations, and adopt a package of appropriate regulations.

7. Ask the Securities and Stock Market Committee of the Russian Federation Government to proceed to develop a system of formal regulations on issues of ethics control and the correct use of
confidential information by employees of the professional participants of the securities market and the state agencies which are involved in monitoring the securities market.

8. Propose to the Securities and Stock Market Committee of the Russian Federation Government that it include in its Expert Advisory Board representatives of the banking community from among those persons who have been recommended by the Association of Russian Banks.

The Association of Russian Banks assures the Government of the Russian Federation, the Central Bank of the Russian Federation, and the Securities and Stock Market Committee of the Russian Federation Government that the Association is ready to offer both the services of its experts and methodological and managerial assistance within its powers in the process of solving any of the aforementioned problems.

Assignment 4: Notes

Предложение (line 12) - It is worth noting that neither "phrase" nor "proposal" is quite appropriate here. The truth of the matter is, the Russian original happens to be poorly worded -something you will encounter on occasion. One does not implement a proposal until it becomes a law. One cannot implement a phrase either, legally it is absurd. However, it is clear from the context that this is exactly what was meant.

Часть (line 12) - Note the two different words used to render this. As a small subdivision, it is a "section", while "part" is used for the big item.

Величина (lines 19 and 28) - Note the two different words used to render this: "amount" versus "value" based on the context.

Привлечения средств (line 23) - This is translated as "borrowed finances." In fact, quite often, the English "participle as attribute + noun" will match the Russian "verb-derived noun-in-nominative + noun-in-genitive", e.g., «повышение давления» - "increased pressure," «понижение спроса» - "reduced demand", etc.

Представляется, что (line 32) - Note that verbs of perception (seem, consider, deem, etc.) requiring a subordinate clause in Russian are conveyed through a "personal forms + infinitive" in English

Создаваемой инфраструктуры (page 2, lines 20) - Note that the Russian participle here is rendered as "to be created."

Максимально рассредоточив (line 29) - Please note that the instrumental implication of this form in the context requires the use of preposition "by."

Организация (line 30) - The English "facility" is a good equivalent because it is equally non-specific.

Определиться с.. (page 3, line 1) - This is bureaucratic lingo.

Контроля добросовестности (line 5-6) - «Добросовестность in this context covers issues referred to as "ethics" in banking and business.

Служебной информации (line 6) - «Служебной» here does not mean "service" or "auxiliary", but rather "confidential," derived from the meaning "pertaining to one's job."

Квалифицированный специалист (line 17) - "Expert." Note the difference in meaning between two words that stem from the same root: the Russian «квалифицированный» - "possessing special knowledge and/or experience" and the English "qualified" - "fit for a certain purpose," "complying with the specific requirements". *Words never ever travel between languages without branching out, losing or gaining some meaning.*

Part Two

Translation: English into Russian

Section 1. Assignments

Assignment 1: General

2-2.5/1.5 hours

SCIENTISTS SET RECORD WITH BURST OF FUSION ENERGY
(Viewed as step toward inexhaustible energy supply)

Washington - Scientists at Princeton University used a new fuel mixture to produce the most powerful nuclear fusion reaction ever achieved in a laboratory, raising prospects for abundant and cheap electrical power in the future.

An experimental 15-meter-high reactor at Princeton Plasma Physics Laboratory in Plainsboro, New Jersey, produced a world-record-setting burst of fusion energy equivalent to three million watts of power on December 10.

Although the burst of energy lasted only four seconds and the reactor consumed about eight times as much energy as it produced, the yield was the best that any fusion reactor has yet achieved.

The power output of the latest experiment was nearly double the 1.7 million watts produced two years ago by the Joint European Torus, or JET, in Abingdon, England, the Princeton group's chief rival.

"We're on our way to achieving the goals of fusion power," said Dale Meade, deputy director of the Princeton laboratory, which is funded by the U.S. Department of Energy.

The Princeton researchers achieved the latest milestone by firing up their test reactor with a fuel mixture that had never before been used in such high concentrations: a 50-50 mixture of deuterium, a heavy isotope of hydrogen, and another hydrogen isotope called tritium, a radioactive gas used in thermonuclear warheads. Most previous research in fusion power has used only deuterium.

The European Torus ran the first ever fusion experiment using a plasma fuel containing tritium two years ago. But the tritium content in that experiment made up only about 10 percent of the deuterium-tritium mixture.

The 50-50 mixture used at Princeton produced far more power.

The Princeton group expects to increase the power of its reactor to 10 million watts over the next nine months, an output 100 million times higher than early fusion reactors achieved in the 1970s. The reactor can produce this level of energy only in brief bursts, because it would take far too much energy to keep the fusion reaction going longer.

No fusion reactor has yet come close to producing more power than it takes to run the machine. That is why, according to researchers, today's reactors are still a long way from the creation of a practical source of electrical power.

If all goes well during the planned tests at Princeton, and if Congress makes a long-term commitment to continue funding fusion research, scientists believe a commercial fusion power plant could be operating by the year 2035.

Although the Princeton test reactor operates in pulses that last only seconds, a fusion power plant would presumably ignite fuel in a sustained fusion reaction and produce far more electric power than it consumes.

"We ourselves may not live to see a commercial fusion reactor in operation," Meade said, "but we have a chance of leaving fusion energy technology to our grandchildren."

Fusion, the same process that powers the sun, is a reaction in which the nuclei of hydrogen atoms are forced to merge. The single protons from each nucleus join to produce helium, with two protons in its nucleus. The fusion rearrangement releases one leftover neutron and a great deal of energy that eventually might be harnessed to produce electrical power.

A fusion reaction is the opposite of fission, which involves breaking apart very heavy atoms, such as uranium. Fission is the process used by current nuclear power plants.

Scientists have long hoped that the fusion process, depending on an inexhaustible supply of hydrogen atoms and creating no hazardous waste, could eventually replace nuclear fission plants that produce large amounts of radioactive waste.

In the reactor used by the Princeton group, known as the Tokamak Fusion Test Reactor, the mixture of deuterium and tritium gas is stripped of its electrons by heat so that each atom acquires a positive electrical charge. In this form the gas is called a plasma. Powerful inter-locking magnetic fields are then used to confine and compress the electrically charged plasma at high enough temperatures to induce fusion.

The design of the doughnut-shaped Tokamak was pioneered during the 1950s by Russian physicists Andrei Sakharov and Igor Tamm.

The Princeton reactor cost about $1,400 million to build, and is allocated about $110 million annually in the U.S. budget for fusion research.

word count: 712

4-5/1.5 hours

Assignment 2: Legal

Exhibit A

SHAREHOLDERS AGREEMENT

This SHAREHOLDERS AGREEMENT (the "Agreement"), dated as of ________________, is entered into by and among Mini-Byt Joint Enterprise, Inc., a Pennsylvania corporation (the "Company"); Kiev Computer Manufacturing Group ("KCG"), a state enterprise of the Republic of Ukraine; National Technological Group ("NTG"), a Maryland corporation; and Smith Electronics, Inc.("SMITH"), an Indiana corporation. KCG, NTG, and SMITH are the holders of the issued and outstanding capital stock of the Company and are referred to herein individually as a "Shareholder" and collectively as the "Shareholders."

RECITALS

WHEREAS, NTG is the prime contractor on that certain Department of Defense Contract DD001-94-C-0136 for Defense Conversion of KCG in the Republic of Ukraine dated October 15, 1993 (the "DoD Contract") which implements the Agreement Between the United States of America and the Republic of Ukraine Concerning Emergency Response and the Prevention of Proliferation of Weapons of Mass Destruction of October 22, 1992 and the Agreement Between the Department of Defense of the United States of America and the Ministry of Defense of the Republic of Ukraine Concerning the Conversion of Military Technologies and Capabilities Into Civilian Activities of July 6, 1993 (collectively, "the US-Ukraine Agreements");

WHEREAS, in accordance with the terms and purposes of the DoD Contract and the US-Ukraine Agreements, the Shareholders have entered into that certain Agreement of Formation of Mini-Byt Joint Enterprise, Inc. dated as of ______________(the "Formation Agreement" and, together with this Agreement, the "Formation Documents") by and between the Shareholders, pursuant to which the Shareholders have agreed to form the Company and make certain capital contributions to the Company in exchange for common stock in the Company ("Common Stock");

WHEREAS, KCG is the beneficial and record owner of three hundred and forty (340) shares of the Common Stock; NTG is the beneficial and record owner of three hundred and thirty (330) shares of the Common Stock; and SMITH is the beneficial and record owner of three hundred and thirty (330) shares of the Common Stock;

WHEREAS, the Shareholders, being the holders of all of the issued and outstanding shares of the Common Stock of the Company, deem it in their best interests and in the best interests of the Company to provide for consistent and uniform management of the Company and desire to enter this Agreement in order to effectuate that purpose and to set forth their respective rights and obligations in connection with their investment in the Company;

AGREEMENT

NOW, THEREFORE, in consideration of the premises and mutual agreements set forth herein, and subject to the terms and conditions stated herein, the parties hereby agree as follows:

ARTICLE 1
RIGHTS AND DUTIES OF SHAREHOLDER

1.1 Each Shareholder shall have the right to:

1.1.1 take part in the management of the Company's affairs as provided in this Agreement;

1.1.2 receive a portion of the Company's distributed profits in amounts proportionate to its percentage ownership interest in the Company or as determined by Article 11 or by mutual agreement of the Shareholders;

1.1.3 request and obtain information on the Company's activities, including the accounting books, financial reports and other statistics;

1.1.4 submit proposals for consideration by the Board of Directors of the Company; and

1.1.5 other rights in accordance with the Formation Agreements.

1.2 Each Shareholder is bound to:

1.2.1 make its requisite capital contributions as set forth in the Formation Agreement;

1.2.2 not divulge confidential information regarding the Company's activities;

1.2.3 protect the Company's property;

1.2.4 ensure correct, complete and timely performance of the responsibilities assumed by it in accordance with the Formation Documents and abide by the decisions of the Board of Directors;

1.2.5 assist the Company in attaining its business goals; and

1.2.6 abstain from actions which may be detrimental to the Company.

1.3 Specifically, KCG shall be obligated, among other things to:

1.3.1 prepare the production facilities, manufacture completed articles and parts for the Company, conduct individual subassemblies and arrange for their manufacture in the Republic of Ukraine and the other countries comprising the Commonwealth of Independent States (the former Soviet Union) ("CIS");

1.3.2 ensure that the Company is supplied with the requisite amounts of heat, water, electric power and other vital services;

1.3.3 ensure that telephone, facsimile, telegraph and telex communications lines are installed at the Company;

1.3.4 provide transport vehicles to the Company;

1.3.5 assist in selling and marketing the Company's products to consumers in the Republic and Kiev, other CIS countries and the countries of the former Soviet Bloc ("FSB") (as determined by the mutual agreement of the Shareholders); and

1.3.6 offer the Company any other service necessary or favorable to its operations.

1.4 Among other things, NTG and SMITH shall be obligated to:

1.4.1 provide management expertise to the Company;

1.4.2 provide product designs, advanced technological equipment and services and innovative research services;

1.4.3 ensure delivery from outside of the Republic of Ukraine of materials and equipment required by the Company;

1.4.4 assist outside of the CIS in acquiring necessary transport and communications facilities and licenses;

1.4.5 assist in selling and marketing the Company's products to consumers outside the CIS and FSB;

1.4.6 provide advertising outside the FSB for the Company's products;

1.4.7 assist in the servicing and repair of goods manufactured under warranty by the Company and sold outside the FSB and, if necessary, assist in transporting such goods to the Company for repair or replacement;

1.4.8 provide visa support services to the Company's employees and KCG in connection with business trips related to the Company's business;

1.4.9 assist the Company in obtaining loans from foreign banks; and

1.4.10 assist the Company in increasing its productive capacity and expanding its business activities.

1.5 Citizens and legal entities of the United States and the Republic of Ukraine and other private persons and legal entities shall have the right to become shareholders in the Company, provided they promise to observe the obligations and conditions set forth in the Formation Documents, abide by the decisions of the Company's managing bodies and duly acquire stock in the Company.

1.6 If and when new shareholders are admitted into the Company, some of the obligations described in Articles 1.3 and 1.4, as well as additional obligations, may be transferred or assigned by the Shareholders to such new shareholders. If shares are transferred from one shareholder to another shareholder or a third party, such transfer shall not in any way reduce the sum total of the obligations owed to the Company which existed prior to such transfer.

1.7 Resignation of a Shareholder from the Company may be effected only by effectuation of a transfer of all shares of the Company held by such Shareholder to another Shareholder, the Company or a third party in accordance with the provisions of Article 2.

word count: 1070

3/1.5/2 hours

Assignmnet 3: Medical

DILATION OF THE RETINAL VESSELS CAUSED BY STYROL AND TETRACHLOROETHYLENE VAPORS

Much information is available concerning changes in retinal blood vessels caused by harmful industrial substances (such as silicate dust, divinyl and α-methylstyrol, carbon bisulfide and hydrogen sulfide, penicillin production factors, ethyl alcohol, high-pressure polyethylene, etc.) and effects such as noise and vibration.

Results of studies conducted in recent years have shown that long-term exposure to styrol and tetrachloroethylene vapors produces functional and organic changes in the eyes. It is especially true that styrol and tetrachloroethylene increase the production of the aqueous humor causing hypersecretive hypertension of the eye. Since such secretions depend on the intensity of the eye's hemodynamics, it is necessary to study the state of the retinal blood vessels in persons who have been exposed to styrol and tetrachloroethylene vapors, substances widely used in various branches of industry.

The purpose of this study was to assess the state of the retinal vessels in persons regularly exposed to low concentrations of styrol and tetrachloroethylene vapors. We have found no other published studies on this problem.

Research materials. Studies were conducted on 1457 subjects - workers at the Podunk Air Conditioner Factory - who were divided into three groups according to their exposure to the substances and matched by gender, age and length of employment.

The first (control) group consisted of 250 office and facilities staff (179 women and 71 men) aged 18-60. Forty-nine of these had been employed for up to two years, and the other 201 had been there for 2-6 years. These persons had had no contact with harmful industrial substances.

The second group consisted of 513 workers from the plastics shop (369 women and 144 men) ranging in age from 18 to 55 and who had been in contact with styrol and tetrachloroethylene vapors, sometimes in concentrations as much as double the allowable levels. Two hundred forty-three had been employed for up to two years, and 270 for 2-6 years. The shop produces plastic air conditioner parts molded of ABS polystyrol.

The third group consisted of 694 workers from the compressor and heat-exchanger shops (419 women and 275 men) aged 18-55 who had periodically been exposed to tetrachloroethylene vapors in concentrations as large as double the maximum allowable exposure. Three hundred eighty had been there for up to two years and 314 for 2-6 years. These shops produce metal air conditioner parts, degrease them in tetrachloroethylene, dry them and braze them.

Method of study. The diameters of the retinal vessels were measured using a large nonreflective ophthalmoscope (BO-58) after the pupil had been dilated with a 0.5% amizyl solution. BOP-4 and BO-58 measurement oculars were used as calibrometers.

We determined the caliber of the secondary blood vessels at the edge of the optic nerve disk. In each case, there were no less than three measurements taken of the vessel caliber before the average value was recorded. The data were statistically processed using the variation statistic method.

Results and discussion. The results of the calibrometric studies of retinal blood vessels are shown in Table 1.

Table 1 shows that the subjects in the second and third groups experienced dilation of the retinal vessels - both arteries and veins - which was not present in the control group. Following statistical processing, these differences were found to be reliable ($p<0.001$).

Comparative dilation of the retinal vessels among persons matched by age, gender and work experience with those in the control group can therefore be linked to the chronic effects of styrol and tetrachloroethylene vapors.

The job-related nature of these vessel dilations among the persons studied exhibits a relationship to the length of time that person has been at that job. The average indicators for the caliber of the retinal vessels in relation to time on the job are shown in Table 2.

word count: 613

Assignment 4: Finance

THE NEED FOR NEW APPROACHES. In the coming decade, demand for infrastructure investments will simultaneously increase in two different sets of countries: those that have undertaken macroeconomic adjustment with consequent low investment levels and, at the other extreme, those whose rapid growth is now placing a heavy burden on infrastructure. Infrastructure investments in developing countries represent, on average, 4 percent of GDP, but they often need to be substantially higher. Where telecommunications or power-supply networks are expanding rapidly, annual investments in either sector can be as high as 2 percent of GDP. A special factor increasing investment demand in many countries is the rapid pace of urbanization, requiring investments in water supply as well as waste treatment and disposal.

In Asia, the share of infrastructure investment in GDP is expected to rise from 4 percent today to more than 7 percent by the turn of the century, with transport and energy likely to demand the most resources, followed by telecommunications and environmental infrastructure. Some of the planned investments are without precedent. China, for example, has set a target of installing at least 5 million telephone lines annually up to 1995 and at least 8 million lines per year thereafter, to more than triple its 1992 base of 18 million lines by the year 2000.

Private entrepreneurship: trends and opportunities

Current efforts to secure increased private sponsorship and risktaking in infrastructure projects reflect these various challenges. After decades of severe regulatory restriction, private entrepreneurship in infrastructure bounced back in two ways during the late 1980s: through the privatization of state-owned utilities and through policy reform that made possible the construction of new facilities in competition with, or as a complement to, existing enterprises.

The principal new infrastructure entrepreneurs are international firms seeking business in developing countries and operating often in association with local companies. These firms bring to bear not only their management expertise and technical skills, but also their credit standing and ability to finance investments in developing countries. Major electric, telecommunications, and water utilities in industrial countries face slowly growing demand and increased competition (following deregulation) in their home markets. As a result, they are vigorously seeking high-yielding investments in developing countries. Construction conglomerates are active in toll-road construction and in power projects, where they sometimes take an equity interest. Some companies or groups of companies also specialize in stand-alone infrastructure projects, putting together financing packages and overseeing project development and operation.

Most indicators of infrastructure investment under private sponsorship reveal rapid growth. Privatized telecommunications and electricity utilities in Latin America and Asia are undertaking large and growing new investments. The number of these so-called greenfield projects - especially in the road and electric power sectors — has grown rapidly (as discussed below). Infrastructure investments by the International Finance Corporation (IFC), a World Bank affiliate that invests only in private entities, have experienced a surge, from modest amounts in the late 1980s to $330 million in fiscal 1993. The amount invested by the IFC was leveraged more than ten times, so that, in 1993, IFC participated in private investments of $3.5 billion.

The most important development during the past four years has been the explosion in international flows of long-term private capital to developing countries, especially in the form of foreign direct investment and portfolio flows. Aggregate flows stood at more than $80 billion in 1992 and were projected to reach $112 billion in 1993 (Table 5.1). Infrastructure has been a significant beneficiary of such flows.

Aggregate private investment in infrastructure in developing countries is currently about $15 billion a year, or roughly 7 percent of the $200 billion being spent annually on infrastructure in these countries. Although small, the fraction of private investment in infrastructure investment is much larger than it was some years ago, and there is a strong likelihood that private investment will continue to grow, possibly doubling its share of the total by the year 2000. One indication is the IFC's current infrastructure pipeline, which is almost as large as all the projects financed to date.

The small overall share of private finance in infrastructure obscures large regional and sectoral disparities. Private finance is proportionately greater in Latin America than in other regions, and larger in telecommunications and electric power generation than in other sectors. The diffusion of current experience across regions and sectors will raise the global share of private sponsorship and finance. For example, telecommunications privatization and independent power generation are under discussion in all regions, including Sub-Saharan Africa. And continuing technological and financial innovations will undoubtedly make private financing more attractive. As an example, electronic methods of identifying vehicles and charging tolls could make roads more like a public utility service, and boost the share of private finance in the highway sector.

Even with the rising share of privately financed infrastructure, governments will continue to be an important source of financing. Often, they will need to be partners with private entrepreneurs. Public-private partnerships in some ways represent a return to the nineteenth century, when infrastructure projects were privately financed in much of the world while government support acted as a stimulant. But the nineteenth century experience also offers important warning signs.

Table 5.1 Portfolio and foreign direct investment in developing countries, 1990–93

(net inflows in billions of dollars)

Type	*1990*	*1991*	*1992*	*1993*[a]
Foreign equity securities	3.78	7.55	13.07	13.1
Closed-end funds[b]	2.78	1.20	1.34	2.7
ADRs and GDRs[c]	0.14	4.90	5.93	7.2
Direct equity	0.77	1.45	5.80	3.2
Debt instruments	5.56	12.72	23.73	42.6
Bonds	4.68	10.19	21.24	39.1
Commercial paper	0.23	1.38	0.85	1.6
Certificates of deposit	0.65	1.15	1.64	1.8
Total portfolio[d]	9.34	20.27	36.80	55.7
Foreign direct investment	26.30	36.90	47.30	56.3
Total	35.64	57.17	84.10	112.0

Note: This table records all portfolio and direct investment flows. Separate figures for infrastructure are not available.

a. 1993 figures are estimated or projected.

b. A closed-end fund has a predetermined amount of funding and sometimes a fixed life.

c. ADR = American depositary receipts; GDR = global depositary receipts. An ADR is an instrument used by an offshore company to raise equity in the United States without formal listing on a U.S. stock exchange. GDRs are similar instruments used in Europe and elsewhere.

d. Portfolio investment is the sum of equity and debt.

Source: World Bank 1993i, pp. 10, 21.

word count: 1021

Section 2. Translation of the Assignments and Notes

Assignment 1: Translation

УЧЁНЫЕ ДОБИЛИСЬ РЕКОРДНОЙ ВСПЫШКИ ЭНЕРГИИ СИНТЕЗА

(Которая рассматривается как новая ступень на пути к неисчерпаемым источникам Энергии)

Вашингтон - Учёные Принстонского университета использовали новую топливную смесь для осуществления наиболее сильной ядерной реакции синтеза, когда-либо реализованной в лаборатории, что даёт надежду на получение в будущем обильной и дешёвой электроэнергии.

10 декабря экспериментальный реактор высотой в 15 метров Принстонской лаборатории физики плазмы, расположенной в Плейнсборо, штат Нью-Джерси, дал рекордную в мировых масштабах вспышку энергии синтеза, эквивалентной трём миллионам ватт.

Хотя импульс энергии продолжался всего четыре секунды, а реактор потребил в восемь раз больше энергии, чем произвёл, отдача была лучшей из всех ранее достигнутых в реакторах синтеза.

Выход энергии, полученный при последнем эксперименте, был почти в два раза больше, чем 1,7 миллионов ватт, полученных два года назад на совместном европейском торе (JET) в Абингдоне, Англия, главном сопернике Принстонской группы.

"Мы находимся на пути к достижению целей энергии синтеза",- сказал Дейл Мид, заместитель директора Принстонской лаборатории, которую финансирует Министерство энергетики США.

Исследователи из Принстона добились последнего знаменательного результата путём использования в своём реакторе топливной смеси, которая никогда ранее не использовалась в столь высоких концентрациях: смеси, состоящей на 50 процентов из дейтерия, тяжелого изотопа водорода, и на 50 процентов из другого изотопа водорода, трития, - радиоактивного газа, применяемого в термоядерных боеголовках. В большинстве прежних исследований в области энергии синтеза использовали только дейтерий.

На европейском торе два года назад был проведён первый в мире эксперимент по синтезу, в котором использовалось плазменной топливо, содержащее тритий. Но содержание трития в этом эксперименте составляло всего лишь около 10 процентов всей дейтериево-тритиевой смеси. Смесь 50/50, применённая в Принстоне, произвела значительно больше энергии.

Принстонская группа в течение ближайших девяти месяцев предполагает увеличить мощность реактора до 10 миллионов ватт, что в 100 миллионов раз превышает показатели первых синтезирующих реакторов в семидесятые годы. Реактор способен производить энергию такого уровня только короткими импульсами, поскольку для поддержания более длительной реакции потребуется значительно больше энергии.

Ни один синтезирующий реактор всё ещё не приблизился к выработке большего количества энергии, чем требуется для работы установки. Поэтому, по мнению исследователей, сегодняшние реакторы ещё очень далеки от создания практического источника электроэнергии.

Если запланированные испытания в Принстоне пройдут успешно и, если конгресс примет решение о долгосрочном продолжении финансирования исследований синтеза, то, как полагают учёные, коммерческая установка энергетического синтеза сможет начать работать к 2035 году.

Хотя экспериментальный реактор в Принстоне работает только импульсами, которые продолжаются всего несколько секунд, предполагается, что установка энергетического синтеза будет поджигать топливо в непрерывной реакции синтеза и производить значительно больше электроэнергии, чем потреблять.

"Мы сами, возможно, не доживем, чтобы увидеть коммерческий синтезирующий реактор в работе",- сказал Мид,-"Но у нас есть шанс оставить технологию энергии синтеза внукам".

Синтез, процесс, аналогичный тому, который дает энергию Солнцу,- это реакция, в которой ядра атомов водорода соединяются в результате внешнего воздействия. Одиночные протоны от каждого ядра, соединяясь, образуют гелий с двумя протонами в ядре. В процессе синтеза высвобождается один оставшийся нейтрон и большое количество энергии, которую в конечном итоге можно использовать для производства электроэнергии.

Реакция синтеза противоположна реакции расщепления, во время которой происходит разделение очень тяжелый атомов, таких как уран. Расщепление - это процесс, который используется в современных ядерных энергетических установках.

Ученые давно надеялись, что процесс синтеза, основанный на неиссякаемом источнике атомов водорода и не производящий никаких вредных отходов, в конце концов заменит установки расщепления ядра, которые дают большое количество радиоактивных отходов.

В реакторе, используемом принстонской группой, известном под названием "Экспериментальный синтезирующий реактор Токамак", смесь дейтериевого и тритиевого газа освобождается от своих электронов под действием тепла таким образом, что каждый атом приобретает положительный электрический заряд. В таком состоянии газ называется плазмой. Мощные блокирующие магнитные поля затем используются для удержания и синтеза электрически заряженной плазмы при температуре, достаточно высокой, чтобы вызвать синтез.

Конструкция токамака в форме тора была впервые предложена в 1950-е годы русскими физиками Андреем Сахаровым и Игорем Таммом.

Постройка Принстонского реактора обошлась примерно в 1.400 миллионов долларов, и на него ежегодно выделяется около 110 миллионов долларов из бюджета США на исследования по синтезу.

Assignment 1: Notes

Fusion (line 3) «Синтез» was chosen over «слияние» and other options listed in the dictionary as it is used specifically in reference to nuclear fusion.

Princeton Plasma Physics Laboratory (line 8) - Russian rules for capitalization are very different from those in English. Only items considered to be proper names are capitalized. Days of the week, months and nationalities are not. After living in this country for a while, people often succumb to the influence of English spelling rules. It would be a good idea to invest in a reliable Russian spelling handbook.

Joint European Torus (JET) (line 14) - Due to the novelty of the concept, it is advisable to leave the acronym in English, rather than transliterate it or create a Russian equivalent.

Presumably (page 2, line 12) - Some English adverbs, such as *presumably, hopefully, arguably, etc.* must be rendered by entire phrases in order to be followed by a clause.

"We ourselves... " (Lines 14-15) - Note the different punctuation in direct speech interspersed with indirect speech: dashes are used in addition to commas. Also, Russian commas and periods always follow the closing quotation mark, rather than preceding it as in English.

May not live (line 14) - Be especially careful when translating modal verbs. In this case, as you can see, an adverb must be used.

Forced to merge (line 17) - Note the descriptive roundabout way of rendering the word *forced.*

"Join to produce" (line 17) - Your first instinct might be to say «соединяются, чтобы образовать» which is incorrect because no volition is involved.

Scientists have long hoped that (line 22) - Notice the mandatory presence of the comma before «что» starting a subordinate clause, unlike English usage.

Tokamak Fusion Test Reactor (line 25) - Capitalization is applied much more sparingly than in English and is frequently accompanied by the use of quotation marks.

Doughnut-shaped (page 3, line 1) - This would literally mean «в форме пышки или бублика» which would in all likelihood be alright for anything less sophisticated than the Tokamak. In this case, «в форме тора» seems to be the only option.

Assignment 2: Translation

Приложение А

СОГЛАШЕНИЕ АКЦИОНЕРОВ

Настоящее СОГЛАШЕНИЕ АКЦИОНЕРОВ (далее именуемое "Соглашение") от ________________________ заключено между совместной компанией "Мини-Быт Джойнт Энтерпрайз, Инк.", являющейся корпорацией, зарегистрированной в штате Пенсильвания (далее именуемой "Компания"), Киевским производственным объединением "Компьютер", являющимся государственным предприятием Республики Украина (далее именуемым "КПО"), корпорацией "Нэшнл Текнолоджикл Груп", зарегистрированной в штате Мэриленд (далее именуемой "НТГ") и корпорацией "Смит Электроникс, Инк.", зарегистрированной в штате Индиана (далее именуемой "СМИТ"). КПО, НТГ и СМИТ являются держателями выпущенного и находящегося в обращении акционерного капитала Компании и при упоминании в настоящем документе по отдельности будут именоваться "Акционером", а при совместном упоминании - "Акционерами".

ИЗЛОЖЕНИЕ ОБСТОЯТЕЛЬСТВ СОГЛАШЕНИЯ

НТГ является основным подрядчиком по известному контракту DD 001-94-C-0136 Министерства обороны США от 13 сентября 1994 года, касающемуся оборонной конверсии КПО в республике Украина (далее именуемому "Контракт DD" и дополняющему Соглашение между Соединенными Штатами Америки и Республикой Украина "О реагировании в чрезвычайных ситуациях и предотвращении распространения оружия массового уничтожения" от 22 октября 1992 года и Соглашение между Министерством обороны США и Министерством обороны Республики Украина "О конверсии военных технологий и мощностей в гражданские производства от 6 июля 1993 года (далее совместно именуемые "Американо-украинские соглашения");

В соответствии с условиями и целями Контракта DD и Американо-беларусскими соглашениями, Акционеры вступили в Соглашение о создании совместной компании "Мини-Быт, Инк.", датированное ______________(алее именуемое "Документы о создании Компании), которое было заключено между акционерами и в соответствии с которым Акционеры договорились образовать Компанию и внести определенный вклад в виде капитала в обмен на обыкновенные акции Компании (далее именуемые Обыкновенные акции");

КПО является бенефициаром и зарегистрированным владельцем трехсот сорока (340) обыкновенных акций; НТГ является бенефициаром и зарегистрированным владельцем трехсот тридцати (330) обыкновенных акций; СМИТ является бенефициаром и зарегистрированным владельцем трехсот тридцати (330) обыкновенных акций;

Акционеры, являясь владельцами всех выпущенных и находящихся в обращении акций Компании, считают необходимым ради соблюдения своих интересов и интересов Компании наилучшим образом обеспечить последовательное и единообразное управление Компанией и желают заключить настоящее Соглашение для осуществления этой цели и изложения своих соответствующих прав и обязанностей в связи с их инвестированием в Компанию.

СОГЛАШЕНИЕ

НА ОСНОВЕ ВЫШЕИЗЛОЖЕННОГО, с учетом вводной части и совместных договоренностей, изложенных далее в настоящем документе, а также в соответствии со сроками и условиями, определенными в настоящем документе, Стороны договорились о следующем:

СТАТЬЯ 1
ПРАВА И ОБЯЗАННОСТИ АКЦИОНЕРОВ

1.1 Каждый Акционер имеет право:

1.1.1 принимать участие в управлении делами Компании согласно условиям настоящего Соглашения;

1.1.2 получать часть распределяемых прибылей Компании в размере, пропорциональной процентной доле его участия во владении Компанией, либо согласно условиям, изложенным в Статье 11, либо на основе взаимной договоренности Акционеров;

1.1.3 запрашивать и получать информацию о деятельности Компании, в том числе по бухгалтерским книгам, финансовым отчетам и другим статистическим данным;

1.1.4 представлять предложения для рассмотрения Советом директоров Компании;

1.1.5 пользоваться другими правами в соответствии с Документами о создании Компании;

1.2 Каждый Акционер обязан:

1.2.1 внести требуемый капитал согласно условиям, оговоренным в документах о создании Компании;

1.2.2 не разглашать конфиденциальную информацию относительно деятельности Компании;

1.2.3 беречь собственность Компании;

1.2.4 обеспечивать правильное, полное и своевременное выполнение обязательств, принятых в соответствии с Документами о создании Компании и подчиняться решениям Совета директоров;

1.2.5 помогать Компании в достижении ее хозяйственно-экономических целей;

1.2.6 воздерживаться от действий, которые могут причинить Компании ущерб;

1.3 В частности, КПО обязуется среди прочего:

1.3.1 подготовить производственные помещения, производить для Компании готовые изделия и запчасти, проводить отдельные предварительные стадии сборки и организовать производство этих сборочных узлов в Республике Украина и других странах Содружества Независимых Государств (бывшего Советского Союза), (далее именуемого "СНГ");

1.3.2 обеспечить снабжение Компании требуемым количеством тепла, воды, электроэнергии и других жизненно важных услуг;

1.3.3 обеспечить установку в Компании телефонной, факсимильной, телеграфной и телексной линий связи;

1.3.4 обеспечить для компании транспортные средства;

1.3.5 оказывать помощь в продаже и маркетинге продукции Компании для потребителей в Республике Украина, странах бывшего Советского блока (далее именуемых "БСБ") (согласно взаимной договоренности Акционеров);

1.3.6 предлагать Компании любые другие услуги, необходимые или благоприятные для её операций;

1.4 НТГ и СМИТ обязуются среди прочего:

1.4.1 обеспечить для компании опыт руководства;

1.4.2 обеспечить промышленные разработки, передовое технологическое оборудование и новаторские научно-исследовательские услуги;

1.4.3 обеспечить доставку из-за пределов Республики Украина материалов и оборудования, необходимого для Компании;

1.4.4 оказывать помощь за пределами Республики Украина в получении необходимых транспортных средств и средств связи, а также лицензий;

1.4.5 оказывать помощь в продаже и маркетинге продукции Компании для потребителей за пределами Республики Украина, СНГ и БСБ;

1.4.6 обеспечивать рекламирование продукции Компании за пределами БСБ;

1.4.7 оказывать помощь в обслуживании и ремонте товаров, произведённых с гарантиями Компании и проданных за пределами БСБ, а при необходимости - помогать в транспортировке подобных товаров в Компанию для ремонта и замены;

1.4.8 обеспечивать визовую поддержку для сотрудников Компании и КПО для служебных поездок по делам Компании;

1.4.9 помогать Компании в получении кредитов от иностранных банков;

1.4.10 помогать Компании в увеличении её производительности и расширении её деловой активности;

1.5 Граждане и юридические лица Соединённых Штатов и Республики Украина и другие физические и юридические лица имеют право стать акционерами Компании при условии, что они обещают соблюдать обязательства и условия, изложенные в Документах о создании Компании, подчиняться решениям руководящих органов Компании и приобрести акции Компании в установленном порядке.

1.6 Если и когда новые акционеры принимаются в Компанию, некоторые из обязательств, описанных в статьях 1.3 и 1.4, равно как и дополнительные обязательства, могут быть переданы или уступлены Акционерами новым акционерам. Если акции передаются от одного акционера другому акционеру или третьей стороне, такая передача ни в коей мере не снижает общей суммы его обязательств перед Компанией, существовавших до подобной передачи.

1.7 Выход Акционера из Компании может произойти только при полной передаче им акций Компании, находившихся в его владении, другому Акционеру, Компании или третьей стороне в соответствии с условиями статьи 2.

Assignment 2: Notes

General comments:

a. Subject matter

This text represents a specific area of law, namely, business law as it applies to business agreements. With this in mind, one should be sensitive to the fact that this original English text, which relates to agreements between U.S. and Russian companies, respectively, reflects Russian terminology in this specific area. The translation is obviously intended for use in Russia, and therefore should reflect local legal usage. Here a good English-Russian legal dictionary would be most useful.

b. Format

We draw your attention to the fact that the original text is typed in a legal text format, following established form. Therefore, the Russian translation was formatted to look like the original, and each page of translation corresponds exactly to each page of the original. This was done for several good reasons: (a) an end-user of a translation would often need to compare the two texts, and this exact replication makes it very easy to compare, as well as to make sure nothing is missing; (b) it helps the translator to check his/her own work, making sure nothing was left out; and (c) it conveys the sense of orderliness and accuracy which is critical in legal documents.

This...dated as of ... is entered into by and among... (lines 9-10) - You may notice that the corresponding Russian text is not a literal rendition of the English. It follows instead the established Russian pattern for similar legal documents.

SMITH (line 14) - For a company name, full capitalization without quotation marks is an option only in legal texts.

WHEREAS (lines 18, 27, 34, etc.) - is omitted altogether in the translation since it does not match the established Russian pattern for similar legal documents.

NOW, THEREFORE (page 2, line 13) - is omitted altogether in the translation since it does not match the established Russian pattern for similar legal documents.

Shall have the right (line 18) - is translated merely as «имеет прЋво» because there is no way of conveying the modality in Russian without becoming obsolete or pompous or both.

Ensure that the Company is supplied (page 3, line 10) - it is perfectly alright, even preferable, to convey the verb form through a verb-derived noun, since Russian formal texts feature the latter in abundance anyway.

Additional observations:

Since legal documents such as business agreements contain a fairly standard text, you may want to get hold of one or more such Russian-language agreements to familiarize yourself with the style and terminology. Clearly, one does not always have the time and means to obtain this kind of information, but if this is a subject you expect to translate fairly regularly, it is worth the effort.

Also, it is important to know the purpose of a particular translation, although a translator is not always given this information by the client. If it is to be used as a legally binding agreement, it has to be accurate to the point of being accepted as a legal contract. On the other hand, if it is only for information purposes - say the end-user in this case does not read English - then you need not spend nearly as much time and effort to make sure every single word is the best possible equivalent of the original.

РАСШИРЕНИЕ РЕТИНАЛЬНЫХ СОСУДОВ, ВЫЗВАННОЕ ПАРАМИ СТИРОЛА И ТЕТРАХЛОРЭТИЛЕНА

Имеется много данных об изменениях ретинальных сосудов под влиянием различных производственных вредностей: кварцсодержащей пыли, дивинила и α-метилстирола, сероуглерода и сероводорода, факторов пенициллинового производства, этилового спирта и полиэтилена высокого давления и т.д., а также шума и вибрации.

Результаты исследований, проведенных в последние годы, показывают, что при длительном воздействии на организм паров стирола и тетрахлорэтилена происходят функциональные и органические изменения органа зрения. В частности установлено, что под воздействием паров стирола и тетрахлорэтилена увеличивается продукция внутриглазной жидкости (ВЖ), что ведет к развитию гиперсекреторной гипертензии глаза. Поскольку секреция ВЖ зависит от интенсивности гемодинамики в глазу, представляет интерес изучения состояния ретинальных сосудов у лиц, контактирующих с парами стирола и тетрахлорэтилена, которые имеют широкое применение в различных отраслях промышленности.

Целью настоящей работы была оценка состояния ретинальных сосудов у лиц, подвергающихся хроническому воздействию малых концентраций паров стирола и тетрахлорэтилена. В литературе мы не встретили работ, посвященных этому вопросу.

Материал исследования. Исследования проведены у 1457 работников Поданкского завода бытовых кондиционеров, которые в зависимости от наличия контакта с производственными вредностями составили 3 группы, сходные по полу, возрасту и стажу работы.

1-я (контрольная) группа состояла из 250 работников заводоуправления и службы быта (179 женщин и 71 мужчина) в возрасте 18-60 лет. Стаж работы до 2 лет имели 49 человек, от 2 до 6 лет - 201. Эти лица не имели контакта с производственными вредностями.

Во вторую группу вошли 513 работников цеха пластмасс (369 женщин и 144 мужчины) в возрасте 18-55 лет, имевшие контакт с парами стирола и тетрахлорэтилена в концентрациях, периодически превышающих ПДК до 2 раз. Стаж работы до 2 лет имели 243 человека, от 2 до 6 лет - 270 человек. В этом цехе производится литье деталей для бытовых кондиционеров из полистирола марки ABS.

3-ю группу составили 694 работника цехов компрессоров и теплообменников (419 женщин и 275 мужчин) в возрасте 18-55 лет, имевшие контакт с парами тетрахлорэтилена в концентрациях, периодически превышающих ПДК до 2 раз. Стаж работы до 2 лет имели 380 человек, от 2 до 6 лет - 314. В этих цехах завода производится изготовление металлических деталей кондиционера, их обезжиривание в тетрахлорэтиленовых ваннах, последующая их сушка, пайка и т.д.

Методика исследования. Диаметр ретинальных сосудов измеряли при помощи большого безрефлексного офтальмоскопа (БО-58) после предварительного расширения зрачка 0,5% раствором амизила. В качестве калиброметра использовали измерительный окуляр БОП-4 к БО-58.

Определяли калибр сосудов второго порядка у края диска зрительного нерва. При этом всякий раз проводили не менее трёх измерений калибра сосуда и фиксировали их среднее значение. Полученные результаты подвергнуты статистической обработке по методу вариационной статистики.

Результаты и их обсуждение. Результаты калиброметрических исследований ретинальных сосудов представлены в табл. 1.

Из табл. 1 видно, что у обследованных 2-й и 3-й групп имело место расширение калибра ретинальных сосудов как артерий, так и вен, по сравнению с таковыми у лиц контрольной группы. Эти различия при статистической обработке оказались достоверными ($p < 0,001$).

Расширение ретинальных сосудов у лиц, сходных по полу, возрасту и стажу работы с контрольной группой, можно, таким образом, связать с хроническим воздействием паров стирола и тетрахлорэтилена.

О профессиональной обусловленности у обследованных нами лиц изменений калибра ретинальных сосудов свидетельствует их зависимость от стажа работы. Усреднённые показатели калибра ретинальных сосудов в зависимости от стажа обследованных представлены в табл. 2.

Assignment 3: Notes

General comments:

a. Subject matter

Though this particular assignment presents many examples of specific terminology, the text itself is straightforward, and presents no real difficulty in terms of sentence structure or language style. Unless one is thoroughly familiar with the technical terms in this text, it would be best not to start translating right away, but first to make a list of all such terms in the text one is not certain of.

b. References

A good scientific/biological dictionary should have all or nearly all of the technical terms of this text. If, after thorough consultation with such a source, you still have an unknown term, the next thing to do is call someone with an appropriate professional background.

Bear in mind that exact sciences have a well-defined and fairly limited vocabulary.
After doing this kind of an assignment several times you will be able to do it much faster and with minimal time spent on research.

Harmful industrial substances... and effects (lines 9-12) - The plural «вредности» conforms to professional usage and is quite appropriate in a paper of this kind.

Aqueous humor (line 16) - Pay close attention to this term and its medically correct Russian equivalent «внутриглазная жидкость».

In persons who have been exposed (line 18-19) - "Exposed" is one of those words that challenge a Russian translator's imagination, and here a suitable, though non-obvious, match was found in «контактирующих». Also, note the absence of a comma preceding "who," a position it duly takes in Russian.

The purpose...was to assess (line 22) - This is a good example of an English verb being suitably rendered by a Russian noun - «оценка».

...employed for up to...(line 31), and

...length of employment (line 28) - Both of the above are rendered by a single Russian noun - «стаж»

Maximum allowable exposure (page 2, lines 3) - Note the term and its Russian counterpart - «предельно допустимая концентрация», or ПДК. Curiously enough, no dictionary lists «концентрация» as an equivalent of "exposure."

Reliable (line 20) - Please note «достоверный» as a good translation - one that may not immediately occur to you.

Matched by age, gender, and work experience (lines 23) - Note «сходный» - used to render "matched by," as well as "work experience" translated by the same Russian word - «стаж» - mentioned above.

ПОТРЕБНОСТЬ В НОВЫХ ПОДХОДАХ. В будущем десятилетии спрос на инвестиции в инфраструктуру одновременно возрастет в двух различных группах стран: в тех, которые провели макроэкономические преобразования с последующими низкими уровнями инвестиций и, с другой стороны в тех, где быстрые темпы экономического роста ложатся тяжелым бременем на инфраструктуру. Инвестиции в инфраструктуру в развивающихся странах составляют в среднем 4 процента от ВВП, но во многих случаях они должны быть существенно выше. В странах где быстро развиваются системы связи и энергоснабжения, ежегодные инвестиции в каждую из этих отраслей могут достигать 2 процентов от ВВП. Особым фактором, повышающим инвестиционный спрос во многих странах, являются высокие темпы урбанизации, что приводит к необходимости капиталовложений в системы водоснабжения, а также обработки и удаления отходов.

Ожидается, что в Азии инвестиции в инфраструктуру как доля ВВП вырастут с 4 процентов в настоящее время до 7 процентов к концу века. Наибольший объем ресурсов при этом пойдет на транспорт и энергетику, а затем на инфраструктуру связи и охраны окружающей среды. Некоторые из планируемых инвестиций носят беспрецедентный характер. Например, в Китае намечено до 1995 г. ежегодно подключать, по меньшей мере, 5 млн телефонных номеров и не менее 8 млн номеров ежегодно в последующие годы, что к 2000 г. более чем утроит базу телефонной сети, насчитывающую 18 млн номеров по состоянию на 1992 г.

Частное предпринимательство: тенденции и возможности

Предпринимаемые в настоящее время усилия по расширению участия частного сектора в принятии на себя рисков в проектах по развитию инфраструктуры отражают глубину стоящих перед сектором задач. После десятилетий жестоких нормативных ограничений частное предпринимательство в сфере инфраструктуры вновь оживилось в 80-е годы, и происходит это в двух формах: путем приватизации государственных предприятий коммунальных услуг и реформирования экономической политики, дающей возможность строительства новых объектов, конкурирующих с существующими предприятиями или функционирующих наряду с ними.

Основными новыми предпринимателями в сфере инфраструктуры стали международные фирмы, стремящиеся завладеть рынками в развивающихся странах и нередко действующие в сотрудничестве с местными компаниями. Эти фирмы привносят не только управленческий опыт и технические навыки, но и хорошую репутацию кредитоспособности и возможность финансировать инвестиции в развивающихся странах. Крупнейшие энергетические компании, фирмы связи и водоснабжения в промышленно развитых странах сталкиваются с медленным ростом спроса и усилением конкуренции (в результате отмены регулирования) на рынках своих стран. В связи с этим они активно занимаются поиском возможностей помещения высокоприбыльного капитала в развивающихся странах. Строительные конгломераты активно вкладывают средства в строительство платных автострад и энергетических проектов, а иногда становятся и акционерами на новых объектах. Некоторые компании или объединения компаний также специализируются на отдельных проектах инфраструктуры, составляя пакеты финансирования и контролируя разработку и эксплуатацию проектов.

Большинство показателей по инвестициям в инфраструктуру при участии частного сектора говорит о быстрых темпах роста. Приватизированные предприятия связи и электроснабжения в Латинской Америке и Азии осуществляют крупные и растущие новые инвестиции. Число таких совершенно новых проектов, особенно в дорожном строительстве и электроэнергетике, резко увеличилось (о чем пойдет речь ниже). Инвестиции в инфраструктуру со стороны Международной финансовой корпорации (МФК). филиала Всемирного Банка, вкладывающей средства только в частный сектор, возросли с незначительных величин в конце 80-х до 330 млн долл. в 1993 финансовом году. Инвестированные МФК средства позволили привлечь финансирование, более чем в 10 раз превышающее названную сумму, и таким образом, в 1993 г. МФК участвовала в частных инвестициях на сумму 3,5 млрд долл.

Наиболее важным событием за последние четыре года стал бурный приток международного долгосрочного частного капитала в развивающиеся страны, особенно в форме прямых иностранных инвестиций и портфельных вложений. Совокупный объем внешнего финансирования в 1992 г. составил более 80 млрд долл. и, по прогнозам, должен был достигнуть 112 млрд долл. в 1993 г.(Таблица 5.1). Значительная доля этих средств поступила в сферу инфраструктуры.

Совокупный объем частных инвестиций в инфраструктуру в развивающихся странах в настоящее время достигает 15 млрд долл. в год, что составляет примерно 7 процентов от 200 млрд долл., то есть суммы, которая ежегодно расходуется на инфраструктуру и невелика, она все же значительно выше, чем несколько лет назад, и весьма вероятно, что частные инвестиции будут продолжать расти, а к 2000 г. их доля в общем объеме, возможно, удвоится. Одним из показателей является доля финансируемых МФК проектов развития инфраструктуры, которая практически не уступает суммарной доле всех финансированных до сих пор проектов.

Относительно небольшая доля частного финансирования инфраструктуры заслоняет существенные региональные и отраслевые диспропорции. Объёмы частных инвестиций в Латинской Америке пропорционально выше, чем в других регионах, а в отраслях связи и электроэнергетики выше, чем в других отраслях. Распространение накопленного опыта по регионам и отраслям повысит долю частного участия и финансирования в мире. Например, во всех регионах, в том числе в странах Африки к югу от Сахары, обсуждается вопрос о приватизации предприятий связи и создании независимых энергетических компаний. Дальнейшая техническая и финансовая модернизация, несомненно, сделает частное финансирование более привлекательным. Например, электронные методы распознавания транспортных средств и взимания платы за проезд по автостраде превратят дороги в подобие акционерных коммунальных компаний и дадут толчок частному финансированию в автодорожной отрасли.

Даже при увеличении доли финансирования инфраструктуры из частных источников государственные органы будут и впредь оставаться важным источником финансирования. Нередко им придётся вступать в партнёрские отношения с частными предпринимателями. Частно-государственные товарищества в определённом смысле представляют собой возврат к XIX веку, когда проекты развития инфраструктуры в большинстве стран мира финансировались из частных источников, а поддержка государства выполняла стимулирующую роль. Однако опыт XIX века является также и важным предостережением.

Таблица **5.1** Портфельные и прямые иностранные инвестиции в развивающихся странах, **1990-93** гг.

(чистый приток средств, в млрд долл.)

Тип	*1990*	*1991*	*1992*	*1993*[а]
Иностранное участие в акционерном			13,07	
капитале	3.78	7.55		13,1
Инвестиционные фонды с фикси-			1,34	
рованным капиталом[б]	2,78	1,20		2,7
			5,93	
АДР и ГДР[в]	0,14	4,90		7,2
			5,80	
Прямой акционерный капитал	0,77	1,45		3,2
			27,73	
Долговые инструменты	5,56	12,72	21,24	42,6
Облигации	4,68	10,19	0,85	39,1
Коммерческие бумаги	0,23	1,38	1,64	1,6
Депозитные сертификаты	0,65	1,15		1,8
			36,80	
Общий портфель инвестиций[г]	9,34	20,27		55,7
			47,30	
Прямые иностранные инвестиции	26,30	36,90		56,3
			84,10	
Итого	35,64	57,17		112,0

Примечание: В данной таблице отражены общие потоки портфельных и прямых инвестиций. Отдельные данные по инфраструктуре отсутствуют.

а. Данные на 1993 г. расчётные или прогнозные.

б. Инвестиционный фонд с фиксированным капиталом создаётся на заранее определённую сумму финансирования, а в некоторых случаях - на фиксированный срок.

в. АДР = американские депозитные расписки; ГДР = глобальные депозитные расписки. АДР представляет собой финансовый документ, используемый офшорной компанией для оформления акционерного капитала в США без официальной регистрации на фондовой бирже США. ГДР представляют собой аналогичные документы, используемые в Европе и других регионах мира.

г. Портфельные инвестиции представляют собой сумму акционерного капитала и долговых обязательств.

Источник: The World Bank 1993:pp.10,21.

Assignment 4: Notes

General comments:

a. Financial Translation

In translation, there is a basic difference between translating financial subjects and other technical subjects, such as legal or medical. While it is relatively easy to master the methodology of working with most technical vocabularies, even if one does not have the technical or professional background of the particular field in which one translates, in financial subjects it is necessary to have at least a general knowledge of the subject. This may be due to the fact that financial terminology and concepts are not always as readily translatable as other technical subjects. The upshot of all this is that one should not be hasty to accept a financial translation assignment if one does not work in this field on a regular basis.

b. Subject matter

This particular assignment consists of a text derived from a publication of an international financial organization. As with most major organizations and corporations, this organization has its own "corporate style," which affects the way this material is translated. Normally, an organization of this magnitude employs its own translators, or uses outside translators on a regular basis, to acquaint them with its style. If called upon to translate this kind of text, be sure to familiarize yourself with the organization's style.

In the coming decade, (line 4) - Notice the absence of the comma in Russian.

As high as 2 percent of GDP (line 10) - Curiously enough, «достигать» is the *only* right way to convey the same idea in Russian.

A special factor...in many countries (line 11) - Note the indispensable commas in the Russian equivalent.

In Asia...environmental infrastructure (lines 13-15) - In order to preserve good style in Russian, it is preferable to split this phrase.

Base (line 18) This term is frequently used to convey the idea of «исходное состояние». Luckily, we need not resort to descriptive translation here.

Seeking business (lines 25) is difficult to translate literally. «Завладеть рынками» is a good option.

Development and operation (line 34) - Often mistranslated as «развитие и операции». The correct translation is «разработка и эксплуатация».

Greenfield project (page 2, lines 3-4) - A new term to take note of.

Leveraged (line 6) - Any literal option is useless. You may have to use as many as three words - «позволила привлечь финансирование» - to convey this concept.

Pipeline (line 18) - The translator has correctly recognized this as a figure of speech, and has rendered it accordingly.

Private sponsorship (line 24) - Note - «частное участие» - rather than «спонсорство».

Often, (line 31) - Russian usage prohibits a comma in such situations.

Public (line 32) - «Государственный» is the right option rather than «публичный» or «общественный»

Note regarding Table: Note the numerous special terms, such as "equity" - «акционерный капитал»; "closed-end fund" - «инвестиционный фонд с фиксированным капиталом».

Additional notes:

The table at the end of this assignment consists of technical financial language (see above). Here thorough familiarity with this kind of terminology, and with the institution that generates such terminology is critical. In undertaking this kind of translation, one should have a good line of communication with the organization that generates this text, to be sure the client and the translator are on the same wavelength.

Section 3

Where Do I Go from Here?

After you have completed all the assignments, or at least those you have chosen to do, you have to make a major decision. If you have never translated for profit before, you have to ask yourself if you are ready to try your hand at soliciting for-profit translation work. If the answer is yes, contact one or two of the enclosed work sources (Appendix E) and apply for a test or a short assignment. If you have translated for profit before in a specific area, such as legal documents, and you feel you are now ready to venture into another area, such as medical translation, first try out some short assignments in that field, until you become comfortable with it.

It is important that you develop a relationship with one or more translation companies in your own geographical area. There is absolutely no reason in this day and age for a translator, say, in Wisconsin, not to develop a profitable relationship with a translation company in Florida, and in time you may indeed find out that a certain company on the other side of the continent is your best source of work. But as a beginner, there are many advantages to interfacing personally with the staff of a translation company close to home. They can give you a great deal of practical advice, help you with the hardware and the software, and share other kinds of experience with you. There is an old saying: "A good neighbor is better than a distant relative."

If, on the other hand, you feel you are not ready to take the plunge, you may want to consider a translation course or study program. Refer to Appendix 4 in the book, and see if there is a program close to home you can sign up for. Or you may decide to continue practicing on your own.

Whatever you decide to do, don't give up too easily. If you do enjoy the challenge of translation, continue to improve you skills. Remember: Translation can be a full-time career or a very fulfilling and profitable sideline. It is definitely the kind of expertise worth having, no matter what else you choose to do with your time.

Appendices

Appendix A. Requisites for Professional Translators

Any person who knows more than one language has the ability to explain a word or a sentence in what translators call "the source language" (the language you translate from) by using an equivalent word or sentence in what they call "the target language" (the language you translate into). This, in effect, is the beginning of translation. But it is only the beginning. It does not automatically turn a person into an accomplished translator. Along with the knowledge of the source and the target language, a translator must have an aptitude for translation. Some people are endowed with a talent for translation. It is not an acquired skill, like riding a bicycle. It is rather a talent, like playing the violin. Some people have it and some don't. It is not necessarily an indication of a lower or higher IQ. Nor is it an indication of how linguistically gifted one is. It is an inborn skill that enables a person to change a text from one language into another quickly and accurately, or, if you will, think in more than one language at the same time. If you possess this skill, then it behooves you to develop it and make use of it, because there is never an overabundance of good translators, and it is almost axiomatic that the good ones can always find either full-time or part-time work.

The **first** requisite for the working translator is a thorough knowledge of both the source and the target languages. There is no point in billing oneself as a translator if one is not fully familiar with both languages, or does not possess a vocabulary in both equal to that of a speaker of those languages who has a university education or its equivalent.

The **second** requisite is thorough "at-homeness" in both cultures. A language is a living phenomenon. It does not exist apart from the culture where it is spoken and written. It communicates not only the names of objects and different kinds of action, but also feelings, attitudes, beliefs, and so on. To be fully familiar with a language, one must also be familiar with the culture in which the language is used, indeed, with the people who use it, their ways, manners, beliefs and all that goes into making a culture.

Third, one must keep up with the growth and change of the language, and be up-to-date in all of its nuances and neologisms. Languages are in a constant state of flux, and words change meaning from year to year. A pejorative term can become laudatory, and a neutral term can become loaded with meaning. Thirty years ago the English word "gay" simply meant "joyous." Now it is used to define an entire segment of society. We once spoke of the "almighty dollar." Now as we travel abroad we may find out the dollar is not necessarily everyone's preferred currency.

Fourth, a distinction must be made between the languages one translates from and into. Generally speaking, one translates from another language into one's own native language. This is because one is usually intimately familiar with one's own language, while even years of study and experience do not necessarily enable one to be completely at home with an acquired language. The exceptions to this rule are usually those people who have lived in more than one culture, and have spoken more than one language on a regular basis. Those may be able to translate in both directions. There are also rare gifted individuals who have mastered another language to such a degree that they can go both ways. They are indeed extremely rare. Given all of this, one should allow for the fact that while the ability of the accomplished translator to write and speak in the target language (i.e., one's native tongue) may be flawless, that person may not necessarily be able to write excellent prose or give great speeches in the source language (i.e., the language from which one translates). Then again, it is not necessary to be able to write and speak well in the language one translates from, while it is to be expected that a good translator is also a good writer and speaker in his or her native language.

Fifth, a professional translator has to be able to translate in more than one area of knowledge. Most professional translators are called upon to translate in a variety of fields. It is not uncommon for a translator to cover as many as twenty or thirty fields of knowledge in one year, including such areas as political subjects, economics, law, medicine, communications and so on. Obviously, it would be hard to find a translator who is an economist, a lawyer, a medical doctor, and an engineer all wrapped into one. In fact, such a person probably does not exist. One does not have to be a lawyer to translate legal documents. Many a professional translator has been able to gain enough knowledge and acquire a vocabulary in a variety of technical fields to be able to produce perfectly accurate and well-written translations in those fields. This is not nearly as difficult as it may seem, since most technical fields utilize a well-defined number of terms which keep repeating themselves, and as one keeps translating the same subject, they become more and more familiar to the translator. One must, however, have a natural curiosity about many different areas of human knowledge and activity, and an interest in increasing one's vocabulary in a variety of related as well as unrelated fields.

Sixth, an effective translator must have a facility for writing or speaking (depending on whether the method used is writing, speaking, or dictation), and the ability to articulate quickly and accurately, either orally or in writing. Like a reporter, a translator must be able to transmit ideas in real time, and in good understandable language. Translation is a form of writing and speech-making, and a translator is, in a sense, a writer and an orator.

Seventh, a professional translator must develop a good speed of translation. There are two reasons for this: First, most clients wait until the last minute to assign a translation job. As a result, they turn to a translator or a translation service with what is perhaps the most typical question in this business: "How soon can you have this job ready for me?" The professional translator has to be prepared to accept that long job with the short turnaround time, or there will be no repeat business from that particular client or from most other clients, for that matter. Secondly, translation is generally paid by the word. The more words one can translate per hour, the more income one will generate. Translating 50 words per hour can land a translator in the poorhouse. Serious translation starts at 250 words per hour, and can reach as high as 1000 words per hour using word processing, and close to 3000 words per hour using dictation (the author actually knows such a translator). High volume translators are the ones who will be the most successful.

Eighth, a translator must develop research skills, and be able to acquire reference sources which are essential for producing high quality translation. Without such sources even the best of translators cannot hope to be able to handle a large variety of subjects in many unrelated fields. Dedicated translators are the ones who are always on the lookout for new reference sources, and over time develop a data bank which can be used in their work.

Ninth, today's translator cannot be a stranger to hardware, software, fax, modem, the Internet, and the latest developments in all those media. Translation has become completely dependent on electronic tools. Gone are the days of handwriting, the typewriter, and all the other "prehistoric" means of communication. The more one becomes involved in translation, the more one finds oneself caught up in the latest high-tech developments.

Tenth, a translator who wishes to be busy on a fairly regular basis doing translation work must carefully consider the fact that certain languages are in high demand, say, in Washington or in Los Angeles, while others are not. Thus, for example, there is high demand for Japanese, German, Spanish, French, Chinese, Arabic, Russian and Italian in both Washington and Los Angeles, but not nearly as much for Bulgarian, Farsi, Czech, or Afrikaans. If your language falls within the second group, it is extremely advisable to also have language expertise in one of the languages of the first group, or to seriously consider whether your particular language has enough of a demand to warrant a major investment of time and effort on your part. One should always check and see what kind of a potential one's language specialty has in a given geographic area.

The above ten points are the essential criteria for developing a translation career. There are many other considerations, but none as important as these. If you feel that you can meet all of the above criteria, then you should continue reading this handbook and putting it to good use.

The Well-Rounded Translator

The main division in the translation field is between literary and technical translation. Literary translation, which covers such areas as fiction, poetry, drama, and the humanities in general, is often done by writers of the same genre who actually author works of the same kind in the target language, or at least by translators with the required literary aptitude. For practical reasons, this handbook will not cover literary translation, but will instead focus on the other major area of translation, namely, technical translation. High quality literary translation has always been the domain of the few, and is hardly lucrative (don't even think of doing literary translation if your motive is money), while technical translation is done by a much greater number of practitioners, and is an ever-growing and expanding field with excellent earning opportunities. This chapter discusses the characteristics of the well-rounded technical translator.

The term "technical" is extremely broad. In the translation business it covers much more than technical subjects in the narrow sense of the word. In fact, there is an overlap between literary and technical translation when it comes to such areas as social sciences, political subjects, and many others.

One way of defining technical translation is by asking the question, does the subject being translated require a specialized vocabulary, or is the language non-specialized? If the text being translated includes specialized terms in a given field, then the translation is technical.

The more areas (and languages) a translator can cover, the greater the opportunity for developing a successful translation career. Furthermore, as one becomes proficient in several areas, it becomes easier to add more. Besides, many technical areas are interrelated, and proficiency in one increases proficiency in another. In addition, every area breaks down into many subareas, each with its own vocabulary and its own linguistic idiosyncrasies. Thus, for example, translating in Arabic does not make one an expert in all spoken Arabic dialects, yet a knowledge of several of those dialects is very beneficial for the professional Arabic translator.

How does one become a well-rounded translator? The answer can be summed up in one word—experience. The key to effective translation is practice. Since human knowledge grows day by day, and since language keeps growing and changing, the well-rounded translator must keep in touch with knowledge and language on a regular basis. The worst thing that can happen to a translator is to be out of touch with the source language for more than a couple of years. What the rusty translator may find out is that new words, new concepts and new ways of using those words and applying those concepts have come into being during that period of "hibernation," and one's old expertise is no longer reliable.

Translation, therefore, is a commitment one makes not for a limited period of time, but rather long-term. It is to be assumed that anyone who becomes a translator is the kind of person who loves words and loves the challenge of using words effectively and correctly. Such a person will not become an occasional translator, but will make translation a lifelong practice.

Good and Bad Translation Habits

The accomplished translator can develop good as well as bad habits. Starting with the bad, we have already pointed out oneClosing touch with the source language for long periods of time. Another bad habit is taking illegitimate shortcuts while translating. There are several types of such shortcuts. The most typical is failing to look up a word one is really not sure how to translate. Being ninety percent sure of a word's meaning is not good enough in professional translation. If one is not sure of a word's meaning, even after all available means have been exhausted, then one must put in a translator's note to that effect, or make it known in some other way that there is a problem with translating that particular word. Anything less would be deceptive.

Another illegitimate shortcut is summarizing a paragraph instead of providing a *full* translation. There is such a thing as summary translation of a paragraph or a document. If a summary is called for, then this is precisely what the translator is expected to provide. But the most common form of translation is what=s known in the business as a verbatim translation, which is a full and complete rendition of the source text. When verbatim translation is ordered, anything less than a full translation is an illegitimate shortcut. Unfortunately, some translators tend to overlook this from time to time, especially when they undertake more work than they can accomplish by a given deadline, and decide to summarize rather than miss that deadline.

Perhaps the worst habit for a translator is to decide at a certain point in time that his or her knowledge of either the source or the target language is so good that it cannot possibly stand any improvement. The moment one stops growing linguistically, one is no longer on the cutting edge of one's profession. The good translator is a perennial language student, always eager and willing to learn more and to keep up with the latest.

As for good habits, the most important, perhaps, are the ones we obtain by reversing the above-mentioned bad habits. But there are many more. One excellent habit is to read professional literature in the field one will be called upon to translate in with reasonable frequency. One good example is *Scientific American*, which can help anyone who translates subjects of science and technology to learn the style or styles used in scientific writing. People who work in the field of translating business documents should definitely read business periodicals, not the least of which is *The Wall Street Journal*. One does not have to be a scientist to translate scientific articles, or have a business degree to translate business documents, but a general understanding of the subject goes a long way towards providing an accurate translation of the subject.

Another excellent habit is to translate not only for profit but also for enjoyment and experience. Most people, unfortunately, are not so taken with their daily work that they would want to continue doing it after hours for fun or practice. But an accomplished translator is someone who will on occasion translate simply for the sake of sharpening his or her skill, or accept a very small fee because of personal commitment to the subject matter, or because of a personal interest. This writer, for example, enjoys translating poetry because of the challenge of doing what is perhaps the most difficult type of translation, and, quite simply, because of the enjoyment of poetry.

Yet another good habit is always to be on the lookout for dictionaries. Many dictionaries are hard to find, and are available in few places. This writer in all his travels across the United States and abroad always stops in bookstores to look for dictionaries. One can also order dictionaries from bookstores and from publishers, but then one has to know what to order and from whom.

The last good habit I would like to mention is the practice of compiling word lists and building a reference library. Dictionaries do not have all the words and terms a translator needs, nor do they contain all the information which specialized references may have. There are aids for translators put out by certain organizations, and there is professional literature in every field. In recent years there has been a growing awareness of the need for terminology management, and with the constant advances in computer technology databases have been proliferating, making the work of the translator much easier than ever before. Good references are worth their weight in gold when they are needed for a specific translation, and over time the experienced translator develops an extensive library of glossaries which become essential for any translation assignment.

Appendix B. Translation Techniques

Preliminary Considerations

You are given a text to translate. Before you commit yourself to doing any work on it, you must ask yourself a few preliminary questions. They are:

1. Is the text legible?
2. Am I familiar enough with the subject to tackle it?
3. Do I have the linguistic resources (dictionaries, human contacts) to decipher unfamiliar words?
4. Is the text complete, or are there any missing parts?
5. Can I do it within the requested timeframe?
6. Do I have a good reason for doing it (doing it as a learning experience, or because you enjoy it, or to help a friend, or because you are properly compensated for doing it)?

Once you have answered all the above questions to your own satisfaction, you are ready to proceed with the translation.

Effective Approaches

There is no single effective approach to translation, and over time translators develop personal techniques which enhance the quality and the speed of their translation. No one set of rules applies equally to everyone, but there are certain methods and means of translation which can help almost any translator achieve greater accuracy and output. The following is a review of some of the key techniques which are becoming almost universal among professional translators.

The first and foremost question a translator must deal with today is what kind of equipment to use in the process of translating. In the days of the pen and the typewriter this question was much less crucial. Today, however, translation has become almost totally dependent on computers, for several good reasons: (a) Word processing allows far greater flexibility in producing text than any other contemporary means. The output of most translators has been tripled and quadrupled through the use of computers; (b) Computers allow text to be stored on a disk and reprinted or modified later on, a function which is invaluable in the translation field; (c) Clients nowadays are getting used to asking for translation on disk, since it allows them to edit, reprint, modify and enhance the physical appearance of a document; (d) If more than one translator is involved in a given translation project, the text from the various translators can be entered by an editor on one disk and equalized or manipulated as necessary, without having to redo any particular portion thereof.

In addition, it is becoming more common every day to use electronic means such as a modem, fax or e-mail to transmit and receive text. These tools are no longer a luxury. Their cost has been coming down, and more and more translators are acquiring them. Many people today are saying they cannot imagine how translators were ever able to manage without them. The answer is very simple: manage we did, but it took us ten days to two weeks to do what we can now receive, translate and deliver in two or three days.

The next question when approaching a translation assignment is: Am I qualified to do this particular translation? Only an honest answer will do. If one is not sure, then chances are one should not tackle that particular task. One must feel confident about a particular assignment if the results are to be satisfactory. The exception to this rule is a case where a client cannot find anyone else to do that particular job, and for some good reason is either willing to take a chance or to receive less than a complete and fully accurate rendition. In such a case it should be made clear between translator and client that the translation is not legally binding.

Once the commitment is made to proceed with the job, the translator will spend some time going over the entire document—even if it is book-length—and do a realistic assessment of the following points:

a. How long will it take to translate the document?
b. What reference tools are needed to get it done?
c. What kind of preliminary steps are needed prior to the actual work of translating?
d. What special problems are related to the document,such as legibility of blurred or poorly copied text or difficult handwriting?
e. Does the document contain text in a language or languages other than the main source language, and, if so, can the translator handle that language?

Regarding the question of time, one can do a quick estimate of the length of the document by averaging words per line, times lines per page, times number of pages. An experienced translator has a pretty good idea of the number of words per hour he or she can translate. This is an essential feature of undertaking a professional translation job, since most clients have tight deadlines and tend to give repeat business to those translators known for keeping to their deadlines.

As for reference tools, if, for example, one is given a document about telecommunications, one should make use of on'=s own resources in that field and/or borrow from other sources whatever one needs to accomplish the task.

Preliminary steps prior to actual translation can include a consultation with an expert in a specialized technical field regarding a difficult term, phrase, paragraph or concept which the translator does not feel comfortable with. Having access to such experts is one of the translator's most cherished assets. It can make all the difference in the world between a correct and effective translation and one that misses the main point of the entire text. Another preliminary step is a trip to the local, regional or even specialized library to do some research on the subject.

The problem of legibility should be identified *before* one begins the task, not after. Sometimes the problem may start in the middle of the document and be so severe as to render the translation of the first part useless. In that case, the translator may have wasted a great deal of time. Sometimes the problem is minor, and does not affect the overall outcome of the translation. In other cases, the client may decide to proceed with the translation and simply put the designation [illegible] (between brackets rather than parentheses) wherever a word or part of the text cannot be deciphered.

Unbeknownst to client and translator, when a translation job is first assigned, there may be portions of text inside the source document in a language other than the main language of the document. This can happen in commercial, scientific and scholarly documents. It even happens in Tolstoy's novel *War and Peace,* when the author starts using French instead of Russian. This too should be detected prior to commencing the translation work, and a decision has to be made as to: (a) Does that text need to be translated? (b) Can the translator handle it? (c) Is it necessary to assign it to another translator?

Once all this preliminary work has been done, one is ready to proceed with the actual translation work.

Depending on the particular text, one should either start translating at this point, or, in the case of a text containing highly specialized terminology which may send the translator on frequent trips to the dictionary, one should first go through the document and make a list of as many unknown or uncertain terms as possible, and then spend some time looking them up and making a word list. This technique saves a great deal of time, since once a list is completed it is much easier to sail through the text, and the time spent initially on making the list is very short compared to the time wasted on repeated interruptions to look up words. Moreover, by first mastering the more difficult terminology of the text, one gains a much better understanding of the subject and is certain to produce a better translation. From the very start, make it a habit to compile word lists and glossaries of subjectspecific terminologies, and keep it in a computer database program for future reference. In time, these lists will become your most valuable translation tool.

One should also follow good work habits. Some translators, particularly those engaged in freelance work, tend to overdo it, especially during their "busy season," when they can generate a large income during a relatively short period of time. They will go for twelve or more hours a day, and before they know it they will start complaining of stiffness in the neck and shoulders, blurred vision, and fatigue. One should not translate more than eight hours a day. Six is ideal. Eight is tolerable, provided one takes a few short ten to fifteen minute breaks. Ten is pushing it. Over ten is definitely hazardous to your health.

Before you get ready to submit your translation go over it again, using the following checklist:

Omissions—did you fail to translate any particular word or phrase, or even paragraph?
Format—does your format follow the original (breaking into paragraphs, for instance)?
Mistranslations—did you mistranslate any particular word?
Unknown words—were there words you were not able to translate which you would like to explore further?
Meaning—did you miss the meaning of any phrase or sentence?
Spelling—did you misspell any word which the spell-check function on your computer did not catch?
Grammar—did you make any grammatical mistakes?
Punctuation—did you mispunctuate or miss any punctuation marks?
Clarity—did you fail to clearly convey the meaning of any particular part of the text?
Consistency—did you call something by one name and then by another without any good reason?
"Sound-alike" words—did you mistranslate a word because it looks or sounds like the word in your target language but in reality has a different meaning?
Style—are you satisfied with the way your translation reflects the style of the original text (for example, the original is written in a clear, direct style, while the translation sounds more complex and indirect?)

This checklist is by no means exhaustive, but it does cover the main areas a translator must pay attention to.

As was already explained, your personal computer is your best friend when it comes to translating, editing, and producing a final copy. One can learn a few basic commands, say, in WordPerfect or Microsoft Word, and start using the computer. But there is much more to software than entering, deleting and inserting text. The better acquainted with software you become, the more it will help you with translation. Learn how to do columns and tables, how to use special technical and scientific symbols, do graphic functions, use the spell-check and the thesaurus, create data bases for glossaries and for your own administrative records, and you will tackle a great variety of technical text in many fields at a speed that will amaze you. Remember: speed in translation is the most important thing next to language proficiency. Without it you will not be profitable, and you will be overrun by the competition. With an established record of fast accurate translation you can write your own ticket.

After a few years of using the computer you may want to consider dictation. Personally, I prefer a mix of PC and dictation. When I have an unusually long job and not enough time to do it in, I may revert to dictation. Otherwise, I prefer word-processing. One could argue that by dictating one gets more done and earns more, but there are other things to consider, such as the cost of transcription, the need to edit transcription, and the better control one has over writing than speaking. Some of us are natural speakers; others are writers.

One continues to develop translation techniques over time. One of the most wonderful things about translation, in my opinion, is the fact that your mind is never idle, never in a rut, but rather always being challenged by new tasks, new subjects, new knowledge, and the need to keep up with new developments in language, with different fields of human knowledge, and with the events of the world. As a translator in the Washington area since the late seventies, I have found myself in the middle of world events, beginning with the peace treaty between Egypt and Israel in 1979, when I met Begin, Sadat and Carter, and, more recently, in my daily dealings with events in post-Cold War Eastern Europe, with a strife-torn Middle East, the famine in Somalia, the new North American Free Trade Agreement (NAFTA) between the United States, Canada and Mexico, and the growing involvement of the U.S. space program with the space programs of other nations. Very few people cover as broad an area as a translator. Every day we in the translation business find new challenges, and have to solve new problems. As a result, we are always developing new techniques and finding new answers.

APPENDIX C: TRANSLATOR'S SELF-EVALUATION

The following criteria were developed some years ago by a U.S. Government agency for determining the skill level of a potential translator whom that agency might have liked to hire. You may want to read this chapter carefully to try to make an honest determination as to where on this scale you find yourself at this time. If you are below Level 2+, you need to keep practicing. If you are at Level 3 or higher, you can start doing some professional translating. After Level 4 you are ready for some serious translating, and at Level 5 you can start making a living as a translator.

Translator Skill Levels

Level 0

No functional ability to translate the language. Consistently misunderstanding or cannot comprehend at all.

Level 0+

Can translate all or some place names (i.e., street or city designations), corporate names, numbers and isolated words and phrases,
often translating these inaccurately.

In rendering translations, writes using only memorized material and set expressions. Spelling and representation of symbols (letters, syllables, characters) are frequently incorrect.

Level 1

Sufficient skill to translate the simplest connected written material in a form equivalent to usual printing or typescript. Can translate either representations of familiar formulaic verbal exchanges or simple language containing only the highest-frequency grammatical patterns and vocabulary items, including cognates when appropriate. Translated texts include simple narratives of routine behavior; concrete descriptions of persons, places and things; and explanations of geography and government such as those simplified for tourists. Mistranslations common.

In rendering translations, writes in simple sentences (or clauses), making continual errors in spelling, grammar and punctuation, but translation can be read and understood by a native reader used to dealing with foreigners attempting to translate his/her language.

Level 1+

Sufficient skill to translate simple discourse for informative social purposes in printed form. Can translate material such as announcements or public events, popular advertising notes containing biographical information or narration of events and straightforward newspaper headlines. Has some difficulty with the cohesive factors in discourse, such as matching pronouns with referents. In rendering translations, writing shows good control of elementary vocabulary and some control of basic syntactic patterns, but major errors still occur when expressing more complex thoughts. Dictionary usage may still yield incorrect vocabulary of forms, although can use a dictionary to advantage to translate simple ideas. Translations, though faulty, are comprehensible to native readers used to dealing with foreigners.

Level 2

Sufficient skill to translate simple authentic written material in a form equivalent to usual printing. Can translate uncomplicated, but authentic prose on familiar subjects that are normally present in a predictable sequence, which aids the translator in his/her work. Texts may include description and narration in context, such as news items describing frequently occurring events, simple biographical information, social notices, formatted business letters and simple technical material written for the general reader. The prose is predominantly in familiar sentence patterns. Some mistranslations.

In rendering translations, has written vocabulary sufficient to perform simple translations with some circumlocutions. Still makes common errors in spelling and punctuation, but shows some control of the most common formats and punctuation conventions. Good control of morphology of language (in inflected languages) and of the most frequently used syntactic structures. Elementary constructions are usually handled quite accurately, and translations are understandable to a native reader *not* used to reading the translations of foreigners.

Level 2+

Sufficient skill to translate most factual material in nontechnical prose as well as some discussions on concrete topics related to special professional interests. Has begun to make sensible guesses about unfamiliar words by using linguistic context and prior knowledge. May react personally to material, but does not yet detect subjective attitudes, values or judgments in the material to be translated.

In rendering translations, often shows surprising fluency and ease of expression, but under time constraints and pressure language may be inaccurate and/or incomprehensible. Generally strong in either grammar or vocabulary, but not in both. Weaknesses or unevenness in one of the foregoing or in spelling results in occasional mistranslations. Areas of weakness range from simple constructions, such as plurals, articles, prepositions and negatives, to more complex structures, word order and relative clauses. Normally controls general vocabulary, with some misuse of everyday vocabulary still evident. Shows a limited ability to use circumlocutions. Uses dictionary to advantage to supply unknown words. Translations are understandable to native readers not used to dealing with foreigner=s attempts to translate the language, though style is obviously foreign.

Level 3

Able to translate authentic prose on unfamiliar subjects. Translating ability is not dependent on subject matter knowledge. Texts will include news stories similar to wire service reports, routine correspondence, general reports and technical material in his/her professional field, all of which include hypothesis, argumentation and supported opinions. Such texts typically include grammatical patterns and vocabulary ordinarily encountered in professional reading. Mistranslations rare. Almost always able to correctly translate material, relate ideas and make inferences. Rarely has to pause over or reread general vocabulary. However, may experience some difficulty with unusually complex structures and low-frequency idioms.

In preparing translations, control of structure, spelling, and general vocabulary is adequate to convey his/her message accurately, but style may be obviously foreign. Errors virtually never interfere with comprehension and rarely disturb the native reader. Punctuation generally controlled. Employs a full range of structures. Control of grammar good, with only sporadic errors in basic structures, occasional errors in the most complex frequent structures and somewhat more frequent errors in low-frequency complex structures. Consistent control of compound and complex sentences. Relationship of ideas presented in original material is consistently clear.

Level 3+

Increased ability to translate a variety of styles and forms of language pertinent to professional needs. Rarely mistranslates such texts or rarely experiences difficulty relating ideas or making inferences. Ability to comp-

prehend many sociolinguistic and cultural references. However, may miss some nuances and subtleties. Increased ability to translate unusually complex structures and low-frequency idioms; however, accuracy is not complete.

In rendering translations, able to write the language in a few prose styles pertinent to professional/ educational needs. Not always able to tailor language to suit original material. Weaknesses may lie in poor control of low-frequency, complex structures, vocabulary or the ability to express subtleties and nuances.

Level 4

Able to translate fluently and accurately all styles and forms of the language pertinent to professional needs. Can translate more difficult prose and follow unpredictable turns of thought readily in any area directed to the general reader and all materials in his/her own special field, including official and professional documents and correspondence. Able to translate precise and extensive vocabulary, including nuances and subtleties, and recognize all professionally relevant vocabulary known to the educated nonprofessional native, although may have some difficulty with slang. Can translate reasonably legible handwriting without difficulty. Understands almost all sociolinguistic and cultural references.

In rendering translations, able to write the language precisely and accurately in a variety of prose styles pertinent to professional/ educational needs. Errors of grammar are rare, including those in low-frequency complex structures. Consistently able to tailor language to suit material and able to express subtleties and nuances.

Level 4+

Increased ability to translate extremely difficult or abstract prose. Increased ability to translate a variety of vocabulary, idioms, colloquialisms and slang. Strong sensitivity to sociolinguistic and cultural references. Increased ability to translate less than fully legible handwriting. Accuracy is close to that of an educated translator, but still not equivalent.

In rendering translations, able to write the language precisely and accurately, in a wide variety of prose styles pertinent to professional/educational needs.

Level 5

Can translate extremely difficult and abstract prose (i.e., legal, technical), as well as highly colloquial writings and the literary forms of the language. Translates a wide variety of vocabulary and idioms, colloquialisms, slang and pertinent cultural references. With varying degrees of difficulty, can translate all kinds of handwritten documents. Able to understand how natives think as they produce a text. Accuracy is equivalent to that of a well-educated translator.

In rendering translations, has writing proficiency equal to that of a well-educated native. Without nonnative errors of structure, spelling, style or vocabulary, can translate both formal and informal correspondence, official reports and documents and professional/educational articles, including writing for special purposes which might include legal, technical, educational, literary and colloquial writing.

APPENDIX D: RUSSIAN TECHNICAL DICTIONARIES

General Dictionaries

The Oxford Russian Dictionary, Unbegaun, B. Oxford: Oxford University Press 1997

English-Russian/Russian-English Dictionary, 2nd edition, Katzner, K., New York: John Wiley & Sons 1999 (also available on CD-ROM)

Good for American English.

Russian-English Dictionary of Verbal Collocations and Translation, Benson, M.& E., Amsterdam/Philadelphia: John Benjamins 1993

Russian-English Translator's Dictionary, Vedeneeva, C., and Zim-merman, M., 1991

Elsevier's Russian-English Dictionary, 4 vols. Macura, P., Amsterdam: Elsevier 1990

One of the major all-around Russian-English dictionaries. Expensive.

Slovar russkogo yazyka, Ozhegov, S.I., Moscow: Russkiy yazyk 1990 Russian-Russian

A good one-volume general dictionary.

Russian-English Dictionary of Interjections and Response Phrases, Kveselevich, D. I. & Sasina, V.P., Moscow: Russkiy yazyk 1990

New English-Russian Dictionary, Galperin, I.R., Moscow: Russkiy yazyk 1988

Reliable, one of the best in the field.

Russko-angliyskiy slovar, Smirnitskiy, Moscow: Russkiy yazyk 1987

Krylatyye slova: Literaturnyye tsitaty: Obraznyye vyrazheniya,
Ashukin, N.S., Moscow: Khudozhestvennaya literature 1986

Dictionary of Russian Abbreviations, Scheitz, E., New York: Elsevier 1985

A must. Abbreviations and acronyms are a plague of the Russian language, and a translator's nightmare.

Russian-English Dictionary, Taube, A.M., Moscow: Russkiy yazyk 1975, 1982, 1985

The Oxford Russian-English Dictionary, Wheeler, M., Oxford: Clarendon Press 1984

Excellent, but not as extensive as the Elsevier.

Slovar russkogo yazyka, Rus-Rus., 4 vols., Yevgenyeva, W.P., Moscow: Russkiy yazyk 1981, 1983, 1984

A first choice for many translators.

Slovar russkikh lichnykh imyen Petrovskiy, N.A., Moscow: Russkiy yazyk 1984

Sovetskiy entsiklopedicheskiy slovar, Prokhorov, A.M., Moscow: Sovetskaya entsiklopediya 1984

Russian-English Dictionary of Abbreviations and Initialisms, Shipp, J.F., Philadelphia: Translation Research Institute 1982 *Out of print.*

Slovar trudnostey russkogo yazyka, Rozental, D.E., Moscow: Russkiy yazyk 1976

Very helpful for translation into Russian.

Solzhenitsyn's Peculiar Vocabulary: Russian-English Glossary,
Carpovich, Vera V., New York: Technical Dictionaries Co. 1976

Frazeologicheskiy slovar russkogo yazyka Molotov, A.I.,
Moscow: Sovetskaya entsiklopediya 1967

Russian: Agriculture

Elsevier's Dictionary of Agriculture and Food Production, Rakipov, N., and Geyer, B., Elsevier Science B.V. *Russian-English* 1994

English-Russian Dictionary of Agriculture, Kozlovsky, V.G. & Rakipo-v, N.G., Moscow: Russkiy yazyk 1986

Russko-angliyskiy selskokhozyaystvenniy slovar, Ussovskiy 1977

Russian: Aviation/Aerospace

Dictionary of Aeronautics and Space Technology, Goursau, H., and Novitchkov, N., Saint-Orens-de-Gameville, France: Goursau, 1994 *English-Russian*

English-Russian Dictionary of Civil Aviation, Marassanov, V.P., Moscow: Russky Yazyk Publishers 1989

Aeronautics & Space Technology Dictionary (Russian-German-English), Kotik, M., 1986

English-Russian Aviation & Space Dictionary, Murashkevich, A.M., Moscow: Voyenizdat 1974

Russian: Botany
Russian-English Botanical Dictionary, Macura, P., Columbus: Slavica 1979

Russian: Business and related fields
Russian-English, English-Russian Business Dictionary, Zagorskaya, A. & Petrochenko, N.P., New York: John Wiley 1996
Dictionary of Economics and Finance (English-Russian), Anikin, A., 1993
Russian-English Foreign Trade and Foreign Economic Dictionary, Zhdanova, I.F., Moscow: Russkiy yazyk 1991
A Russian-English Social Science Dictionary, Smith, R.E.F., Birmingham: Institute for Advanced Research in the Humanities 1990
Ekonomiko-matematicheskiy slovar, Fedorenko, N.P., Moscow: Nauka 1987
Kratkiy ekonomicheskiy slovar, Belik, Yu. A.,Moscow: Politizdat 1987
Ekonomicheskiy morskoy slovar--spravochnik, Kotlubay, M., Odessa: Izd. Mayak 1976

Russian: Chemistry
Dictionary of Chemistry (Russian-English), Macura, P., 1993
Recommended.

Russian: Civil Engineering
Elsevier's Dictionary of Civil Engineering, Bhatnager, K.P., Amsterdam: Elsevier 1988

Russian: Computers
The Comprehensive Russian-English Dictionary of Computer Terms, Druker, P., IEEE Computer Society Press 1999
English-Russian Explanatory Dictionary of Abbreviations in the Field of Computer Terms, Sevastyanov 1995

Russian: Education
Lingvo-stranovedcheskiy slovar: narodnoye obrazovaniye v SSSR, Denisova, M.A., Moscow: Russkiy yazyk 1978

Russian: Electronics
Anglo-russkiy slovar po radioelektronike, Lisovskiy, F.V., Moscow: Russkiy yazyk 1987 *A valuable and comprehensive reference in the field. Contains a Russian index.*
Russian-English Dictionary of Electrotechnology and Allied Sciences, Macura, P., Melbourne, FL: Robert E. Krieger Publishing Company 1986
Anglo-russkiy slovar po mikroelektronike, Prokhorov, K., Moscow: Russkiy yazyk 1985

Russian: Geography
English-Russian, Russian-English Geographical Dictionary, Gorskaya M., Rockville, MD: Kamkin 1994

Russian: Geology
Russko-angliyskiy geologicheskiy slovar, Sofiano, T. A. 1984
Geologicheskiy slovar, 2 vols., Moscow 1978 *Russian-Russian*

Russian: Law
Legal Dictionary (Russian-English), Butler, W. E., 1995
Legal Dictionary (English-Russian), Mamulyan, A.S. and Kashkin, S., 1993
English-Russian Law Dictionary, Rockville, MD: Kamkin 1993
Encyclopedia of Soviet Law Amsterdam: Martinus-Jijhoff Publishing Co. 1985

Russian: Maritime

English-Russian Dictionary of Navigation, Hydrography and Oce-onography, Sorokin, A.L., Rockville, MD: Kamkin 1984

Russian: Mathematics

Russian-English Mathematical Dictionary, Milne, Madison, WI: Uni- versity of Wisconsin Press 1962

Russian-English Dictionary of the Mathematical Sciences, Lohwater, A.J., Providence, RI: The American Mathematical Society 1961

Russian: Medicine

Stedman's English-Russian Medical Dictionary, Moscow: Géotar 1995 *Recommended.*

Russian-English Medical Dictionary & Phrase Book, Petrov, V., et al 1993

English-Russian Dictionary of Medical and Biological Abbreviations, Akzhigitov, G.N., Rockville, MD: Kamkin 1992

Anglo-russkiy slovar po immunologii i immunogenetike, Petrov, Moscow: Russkiy yazyk 1990

Anglo-russkiy slovar po biotekhnologii, Drygin, Moscow: Russkiy yazyk 1990

Anglo-russkiy meditsinskiy slovar, Akzhigitov, G.N., Moscow: Russkiy yazyk 1988 *The above four dictionaries are an absolute must for translating medical texts.*

Entsiklopedicheskiy slovar meditsinskikh terminov, Petrovskiy, Moscow: Sovetskaya entsiklopediya 1983 *Russian-Russian*

Russian-English Medical Dictionary, Yeliseyenkov, Yu.B
Moscow: Russkiy yazyk 1975

Russian-English Biological-Medical Dictionary, Carpovich, New York: Technical Dictionaries 1960

Russian: Metallurgy

English-Russian Metallurgical Dictionary, Perlov, N.I., Isteyev, A.I., Tyurkin, V.A., et al, Moscow: Russkiy yazyk 1985

Russian: Military

Russian-English Glossary of Military Terms and Abbreviations, 2nd ed., Office of Naval Intelligence June 1993

English-Russian Dictionary of Antimissile & Antisatellite Defense, Novichkov, N.N., Moscow: Voyenizdat 1989

English-Russian Military Dictionary, 3rd ed., Shevchuk, V.N. & Polyukhi-n, V.M., Moscow: Voyenizdat 1987 *Classic. Contains media jargon on military themes.*

Voyennyy Entsiklopedicheskiy slovar, 2nd ed., Akhromeyev, S.F., Moscow: Voyenizdat 1986

Spravochnik ofitsera nazemnoy artillerii, 2nd ed., Lebedeb, V.Ya.,

Moscow: Voyenizdat 1984

Russian-English/English-Russian Military Dictionary, London: Her Majesty's Stationery Office 1983 *British usages.*

Anglo-russkiy voyenno-morskoy slovar, Moscow: Voyenizdaat 1962

Russian: Mining

Gornoye delo: terminologicheskiy slovar, 4th ed., Lidin, G.D., et al, Moscow: Nedra 1990

Russian: Oil

Woods' Illustrated English-Russian Petroleum Technology Diction-ary, Serednytsky, L., et al, Dallas/Kiev: Albion Woods Publisher 1994

Petrologicheskiy anglo-russkiy tolkovyy slovar Marakushev, A. A., Moscow: Mir 1986

Russko-angliyskiy razgovornik dlya neftekhimikov i khimikov-neorganik-ov, Kuznetzov, Yu.I., & Sloushcher, V.M., Moscow: Russkiy yazyk 1985

Russko-angliyskiy neftepromyslovyy slovar, Stoliarov, D.E.
Moscow: Russkiy yazyk 1982

Anglo-russkiy slovar po khimii i pererabotke nefti, Kedrinskiy, V.V., Moscow: Russkiy yazyk 1979

Russian: Physics
Russian-English Physics Dictionary, Emin, I., New York: Wiley & Sons 1963

Russian: Technical
Dictionary of Science & Technology (Russian-English), Callaham, L.I., 1996
Elsevier Dictionary of Science and Technology, Chakalov, G.G., Amsterdam: Elsevier 1993
The Comprehensive English-Russian Scientific and Technical Dic-tionary, 2 vols., Barinov, S.M., et al, Moscow: Russkiy yazyk 1991
Science and Engineering Dictionary, Carpovich, Drs. E.A. & V.V., Technical Dictionaries Co. 1988 *Excellent, even indispensable.*
Russko-angliyskiy politekhnicheskiy slovar, Kuznetsov, B. V., Moscow: Russkiy yazyk 1986
Kratkiy illyustrirovannyy russko-angliyskiy slovar po mashinostroyeniyu, Shvarts, V.V., Moscow: Russkiy yazyk 1983
Anglo-russkiy slovar po sistemnomu analizu, Vyshinskaya Ye. V., 1982.
Politekhnicheskiy slovar, Ishlinskiy, Moscow: Sovetskaya entsik-lopediya 1980
Anglo-russkiy slovar po nadezhnosti i kontrolyu kachestva, Kovalenk-o, E.G. Moscow: Russkiy yazyk 1975 *A comprehensive work for anyone engaged in this field.*
Russko-angliyskiy tekhnicheskiy slovar, Chemukhin, Moscow: Voyenizdat 1971
Russian-English Scientific and Technical Dictionary, 1st ed. Alford & Alford, Oxford: Pergamon 1970

APPENDIX E: SOURCES OF TRANSLATION WORK

> This book includes a CD (on the inside of the front cover) with lists of translations companies and international corporations who do a large volume of translation in all languages.

If you choose freelance translation, you should consider yourself a one-person translation company. Your main concern will be where to find work. The need for freelance translation is greater than anyone can estimate, and is clearly growing at a rapid rate. Worldwide, translation is a multibillion dollar industry. But finding translation work on your own is easier said than done. The main problem is that translation is hardly ever a steady, ongoing function of any particular work source, such as an embassy, a company, a government agency, or even a publisher. None of those needs translation every day of the year. Each of them may need a great deal of translation all at once (more than any one person can handle within the given time-frame), and then none for a long time. And, if any one of them needs translation on an ongoing basis, chances are a decision will be made to hire an in-house translator rather than farm out the work.

The fact remains, however, that a well-rounded freelancer can earn well over $50,000 a year, and, in the case of highly specialized technical translators in major languages like Spanish, German, Japanese or Russian, even $100,000 or more. The secret to all of this is establishing for yourself a good clientele. There are two ways of doing this. The first, and by far the hardest, is finding your own clients and working with them directly. You may want to contact embassies, law firms, publishers, government agencies and so on, and solicit work directly from them. If you are fortunate enough to find some good steady clients on your own, you will be doing quite well. But the problem often lies in the word "steady." What seems to be a steady client today may not be so steady tomorrow.

This brings us to the second, and by far the safer option, which is translation agencies. There are hundreds of them in the United States, and they handle huge amounts of translation business every year. In this chapter we will discuss translation agencies, as well as direct sources of translation available to the freelancer.

Translation Agencies

Translation agencies, also known as translation companies, or translation bureaus, are for the most part privately owned commercial establishments ranging in size from one or two employees to ten or more, but hardly ever larger than ten. Some are divisions of larger companies, such as Berlitz, which is primarily a language school and publisher, offering translation as a secondary function. Some specialize in one language only, such as Spanish, German, or Japanese. Most offer several languages, and quite a few bill themselves as offering "all languages." This last type is somewhat pretentious, since there are more languages in the world than any one person can identify. But what they really mean is that they will make the effort to find a translator in almost any language they may be called upon to translate.

As a general rule, translation agencies employ relatively few in-house translators, since the flow of work in any given language is usually uneven. Instead, they rely on the services of a network of hundreds of freelancers who can handle a great variety of subjects. Those freelancers are located all over the United States and even abroad. The ones who are most reliable and professional get the major share of the work, and some of them earn the above-quoted figures.

As a freelancer, you need to cultivate at least one such agency, preferably two or three. The problem in working with only one is that, with few exceptions, there may not be a steady flow of work coming out of any given agency in any given language, in subjects you are equipped to handle. Two or three will give you better coverage, and assure a better flow. On the other hand, you may find yourself in a situation where all three ask you to do something at the same time, and you may not be able to do it. You need to establish an understanding with your agencies that would make an allowance for such a scenario, so that you don't spoil your relationship with any one of them.

The worst thing you can do as a freelancer working with translation agencies is to overcommit yourself. Your most important personal asset is your reliability. Once you fail to meet deadlines (keep in mind—the agency stands to lose a client if deadlines are not met), your reliability becomes questionable, and if you do it once too often, you may soon find out that those phone calls from the agency offering you work assignments stop coming.

Where do you look for translation agencies? Below you will find a listing of hundreds of such agencies. You can find more in the Yellow Pages, or through the ATA (American Translators Association), which has local chapters around the country. My suggestion is to start with those close to home. In this day and age of international electronic communications, distance has little meaning. But then again, close to home still works, because you can meet the people there, befriend them, and in some instances even avail yourself of their dictionaries and other resources.

Keep in mind that a translation company has overhead, and also needs to make some profit to stay in business. They do the hard work of finding translation assignments, and therefore share with you the profit from the job. You can usually make more money by going directly to the client, and if you have enough of your own clients you don't need a translation company to send work your way. But most freelance translators do need those companies, which invariably provide a more steady flow of work than what a freelancer can get on his or her own.

The two things all translation companies appreciate and reward in a freelancer are honesty and loyalty. If you agree to a deadline, stick to it. Don't renege on it at the last minute. That's a sure prescription to spoil your association with your company. Equally important is not to go behind the company's back and try to solicit its own clients directly. Some companies will make you sign an agreement to this effect. Others will rely on the honor system. Don't abuse their trust. It usually doesn't pay off.

Direct Sources of Work

Working with translation agencies usually does not stop you from finding your own clients, as long as there is no conflict of interest with the agency's clients. It would be impossible to list here all the potential sources of direct translation work, since they include practically the entire human race (everyone needs a document translated at some point). But there are some major sources which ought to be mentioned, and here are some of the more important ones.

Law Firms

Law firms are a major source of translation work. Some of the larger firms hire full-time translators or staff members who are bilingual, especially if they do business on a regular basis with a foreign entity. Most firms use translators on an as-needed basis. Legal translation is a specialized field in which you need to acquire experience working with legal documents. There are several legal specialties, such as patent law, international law, immigration, and so on. Each specialty has its own style and terminology, which a translator needs to become acquainted with. As a freelancer, adding legal translation to your list of specialties is an excellent idea. You will find out that your volume of translation will increase considerably by doing so.

Quite often, a law firm needs both document translation and interpretation. Keep in mind that interpretation is a discipline separate from translation, and that there is a big difference between one-on-

one consecutive interpreting and simultaneous conference interpreting. If asked by a law firm to do both text translation and interpreting, be sure to find out first exactly what the assignments consist of.

Industry

Corporations doing business in other countries have to deal with documents originated in the languages of those countries or English documents that need to be translated into those languages. Here again we find the two approaches of either hiring translators or farming out work to freelancers and to translation services (or a combination of both). This field is perhaps the fastest growing source of translation in the closing years of the twentieth century. More and more major American companies are turning to international business as a way to offset the decline of business at home and to gain a share of the world market. Their need for translation is growing every day, and even those who have in-house translators are finding themselves using freelancers because of their volume of translation work.

If you are fortunate enough to form a relationship with a major company doing business overseas, you may find yourself in the enviable position of dealing with a major, steady source of translation.
How does one get work with major corporations? If you have a special expertise in their field of work, say you are a telecommunications expert and you would like to translate for Sprint, find out who handles outside vendors or services, and give them a call or drop them a note. It also helps to know someone in the company, who can do some of the legwork for you and put you in touch with the right people. As a general rule, this is not easy to do. But persistence does pay off some of the time, and even if only a few respond, it is worth the effort.

The U.S. Government

For several decades following World War Two, translation in the federal government enjoyed a boom. The onset of the Cold War resulted in wide-scale translation activities on the part of the U.S. Department of Defense (DoD), all the branches of the service (particularly the Army, Navy, and Air Force), and the Central Intelligence Agency (CIA). In addition, such multilingual organizations as the Voice of America (which started broadcasting in 1942 in 40 languages), sprang into being. These and other organizations employed a host of translators, and farmed out millions of words every year to be translated. Looking back, those were the feast years of government translation. During the nineties, however, a major shift has been taking place. Since 1992, there has been a sharp decline in government translations, and those translation agencies and freelancers who were dependent on government work for their bread and butter, are hurting. This is not to say that the U.S. Government is no longer a source of employment for translators. There are still many opportunities for translation in the government, offered by such bodies as the Language Services division of the U.S. Department of State (for in-house as well as freelance translators and interpreters), the Library of Congress, the U.S. Patent and Trademark Office, and so on (see list of U.S. Government Agencies, Appendix 4).

My translation company, Schreiber Translations, Inc. (STI), started out in life as a full-service translation company for the federal government. This was in the early eighties, when the boom was still on. We provided translation from and into over 50 languages and dialects, as well as interpreting, transcription, voice-over, graphics, and editing. Luckily for us, we realized early on that, as the world was changing, we were better off not being locked into government work, and we were able to develop a lucrative practice in the nongovernmental sectors. Today, government work makes up less than 50% of our total translation work.

What does all of this mean to linguists seeking translation work in the closing years of the twentieth century? There is no one simple answer. The government has been known to swing like a fast-moving pendulum. This author believes that before long the federal government will be launching new major translation projects, in such sectors as world trade and international relations. American interaction with other cultures and languages is far from diminishing. If anything, it is increasing day by day. One good example is the American space program, conducted by the National Aeronautics and Space Administration (NASA). Back in the sixties, there were two major space programs in the world—the Soviet and the American. Today, many countries in Western Europe and Asia have an active space program, and many of them are involved in cooperative efforts.

NASA is actively involved in this new international space scene, and the need for translation in this particular organization should not be underestimated. But all of this, of course, is speculative. The federal government is making a historical effort to reduce its enormous deficit, and since the lawmakers of our land are not necessarily attuned to the critical importance of translation, translation may well be a casualty of the budget wars. Translators would be well advised not to write off doing translation for the government, since it is, and will continue to be, the single biggest employer around. But they should put at least as much, if not more, effort into finding translation work outside the government, where indeed the field is all but limitless.

What are the pros and cons of translating for the government? For many linguists over the years, the government has offered job security. I know some fine translators who have worked for the government for many years and had interesting and fulfilling careers. On the other hand, career translators in the government are not paid exceptionally high salaries. Quite a few freelance on the side in an effort to supplement their income. As for freelancers who contract with the government, here we have mixed results. Some have found themselves a cozy niche and are kept busy on a fairly regular basis. Others go through the "feast and famine" syndrome. Some have been frustrated by spending a long time hunting for government assignments, with little result. To freelance effectively for the government, one should, in most instances, work in one of the top five languages the U.S. Government is interested in (Spanish, Russian, German, French and Japanese). Any other language, even Chinese or Italian, may not offer enough of a flow. One should also make many contacts.

On the downside, government agencies, with few exceptions, are notorious for not paying on time. A few years ago, the government passed a "prompt payment" act, which mandates 30-day net payment, with interest accruing thereafter. The problem is, more than a few agencies take at least another 30 days to process an invoice, claiming that it takes that long to get your invoice "into the system." Others take even longer, and simply neglect to add interest. If you try to get it, you may soon find out you waste more time going after it than it's worth. In some extreme cases—which are by no means rare—it can take six to twelve months to get paid. Your invoice simply gets lost in the system. Your remedy is to contact your congressperson, who will call that particular government office to make sure you get paid. The problem is, those folks in the finance office often resent being put on the spot in this manner, and while they will expedite your payment, you may not get work next time. It all sounds shocking, but having been there, it is my civic duty to let you know.

Another drawback of government freelancing is the incredible amount of paperwork you are asked to fill out in doing some of those jobs. I have done five and ten dollar jobs that required three detailed forms filled out, plus an invoice in six copies, mailed to three different offices (finance, procurement, and contract). It took me longer to do the paperwork than to translate, and clearly the whole thing was not worth my while. If you do a fair amount of freelancing for the government, you learn to overlook these excesses. Otherwise, you may have to decide whether it's all worth it.

A third major drawback to doing government work is the fact that quite often the translation standards of a particular agency may be quite low. As a result, you run the risk of developing poor translation habits, lack of attention to details, lack of sufficient editing and proofing, and so on. What that means in a practical sense is that when a more demanding job comes along, especially in the private sector, you may find out your performance is not satisfactory, and you may lose your client.

Having said all this, it behooves me to add that during the last seventeen years I have interacted with hundreds of government employees and dozens of agencies, and many of those have been a delight to work with, and overall I have been very fortunate to have this unique opportunity to take part in many historical events, including the peace treaty between Israel and Egypt, the Gulf War, the disarmament agreement with the former Soviet Union, the Bosnian peace agreement, and many more. Thus, working with the government as a linguist is by no means a dull experience, and if you learn how to take some of the problems in your stride, you can do quite well.

State and Local Government

Government at all levels, from the municipal to the federal, needs translation. At the local level we find more and more city and county government translating their pamphlets, brochures and other documents into the languages of their immigrant populations, notably Asian languages and Spanish. In addition, local government has an ongoing need for interpreters, mostly for the court system, but also for social services, hospitals, and other local institutions. At this time of tight budgets, this may not be the most lucrative field, but it is definitely worth exploring, since it is local, and mostly uses local linguists.

Major Organizations

Among the largest organizations that use a great deal of translation one should mention the United Nations, The World Bank, the World Health Organization, the Organization of American States, to cite only some of the better-known ones here in the U.S. Surely there are more in Europe, such as the World Court, the European Community, NATO, and many more. Most of these organizations use in-house linguists, and do not farm out translation work if they can help it. But quite often they have more documents to translate than they can handle in-house, and they look for outside help.

Publishers

Book publishers use freelance translators in many different ways. This is not an easy field to break into, particularly for the beginner. Many publishers turn to academia for translators, and if you are in academia and can translate from or into another language in your field of expertise, there is a chance you can get the work. Others turn to established translators with name recognition. But it is certainly worth trying, to query publishers and find out if they need your services.

Software Localization Companies

A fast-growing area of translation is software localization, or translation of software-related text into other languages and adapting the text to the target culture. Software localization companies specialize in computer subjects and in English-into-foreign language translation. They employ in-house translators, but they also use freelancers from time to time. Their work encompasses everything from computer manuals to localization of web-sites.

Networking

An excellent source of work for freelance translators is personal contacts with other translators. The ATA's local chapters are one place where translators meet and get to know each other. The annual conference of the ATA holds a networking session, which is very valuable. One also meets translators through personal contacts in the translation field.

The latest way to meet translators is on the Internet. Entities such as the Foreign Language Forum on CompuServe bring together translators from all over the world. All you need to do is post a message on one of those programs, and before you know it you get a response from someone in your own town or half way around the world.

Keeping in touch with other translators is a prime means of finding out about work sources and assignments. There are clearly many advantages to networking in the translation field, and the more contacts one has the better.

The following is a list of translation companies who use freelance translators. The companies are not rated. It is up to you to find out which are best suited to your needs.

-A-

ABC Worldwide Translations & Interpretations, 8306 Wilshire Boulevard, Ste. 200, Beverly Hills, CA 90211
Phone: (310)260-7700 Fax: (310)260-7705
e-mail: info@wordexpress.com Website: www.wordexpress.net
Contact: Muriel Redoute Member: ATA

ABS Translation & Interpreting Service, 1685 Hampton Road, Abington, PA 19001 Phone: (215)886-2219 Fax: (215)886-7671
e-mail: ABStrans@aol.com
Contact: Aram Sarkisian Member: ATA

A.C.E. InfoTech Group, 1450 114th Ave SE, Ste. 1-230, Seattle, WA 98004
Phone: (425)453-4444 Fax: (425)453-0188
Website: www.aceinfotech.com
Contact: Maya Vengadasalam Member: ATA

AE Inc. Translations, 15995 N. Barkers Landing, Ste. 111, Houston, TX 77079 Phone: (281)870-0677 Fax: (281)556-9737
e-mail: translations@aetrans.com Website: www.aetrans.com
Contact: Stephen D. Ross, President Member: ATA

ABLE Innovations, Inc., 1100 Lakeway Drive, Ste. 200, Bellingha-m, WA 98229 Phone: (360)714-1390
e-mail: sales@ableinnovations.com
Website: www.ableinnovations.c-om Member: ATA

Academy of Languages Translation & Interpretation Services, 216 First Ave. South, Ste. 330, Seattle, WA 98104
Phone: (206)521-8601
Fax: (206)521-8605 e-mail: translate@aolti.com Website: www.aolti.com
Contact: Chaouky Kaboul Member: ATA

Accent on Language, 160 East 56th St., 5th Fl., New York, NY 10022 Phone: (212)486-6790 Fax: (212)486-2439
e-mail: info@accentonlanguage.com Website: www.accentonlanguage. com
Contact: Brian E. McDermott Member: ATA

ACCENT Translations, Inc.; 442 Beaulieu Road, Neenah, WI 54956; Phone: (920) 751-8260
Fax: (920) 969_0320; E_mail: accent@ameritech.net; Contact: Kimberlee A. Heier, President Member: ATA

Accento, The Language Company, 5527 Dyer St., Dallas, TX 75206
Phone: (214)363-5353 Fax: (214)363-0067

e-mail: accento@accento.net Website: www.accento.net
Contact: James Mahler Member: ATA

Access Transport & Translation Services, Inc., 528 S North Lake Boulevard, Ste. 1000, Altamonte Springs, FL 32701
Phone: (888)748-7575 Fax: (407)330-7959
e-mail: gengelman@accessontime.com Website: www.accessontime.com
Contact: Stacey L. Whidden Member: ATA

Accura International Translations, Ltd., 915 S. High St., Denver, CO 80209 Phone: (303)280-1292 Fax: (303)280-1489
e-mail: accura@ix.netcom.com Website: www.accuratrans.com
Contact: David Anderson Member: ATA

Accurapid Translation Services, Inc., 806 Main St., Poughkeepsie, NY 12603 Phone:(845)473-4550 Fax: (845)473-4554
Website: www.accurapid.com
Contact: Gabe Bokor
Founded 1978. Member: ATA. Translates German, Spanish, French, Hungarian and Japanese both from and into English, and Portuguese and Russian from English. Emphasis on Engineering, Patents, Law, Business and Finance trans-lation. Prospective translators should demonstrate competence and a professional attitude. Resumes are filed for future reference. The company pioneered the use of technological tools in the industry. The company counts freelance translators from Europe, Asia and the Americas in its professional pool. Maintains a pool of 600 translators.

Accurate Spanish Translations by Spanish Business Services, Inc., P.O. Box 720519, Dallas, TX 75372
Phone:(214)821-2050 Fax: (214)821-7065 e-mail: sbscorp@swbell.net Website: www.spanishbusiness.c-om
Contact: Robert H. Brandao Member: ATA

ACCUWORLD, LLC, 200 West Madison St., Ste. 930, Chicago, IL 60606 Phone: (312)641_0441 Fax:(312)641_7370
E_mail: ts@inlinguachi.com
Contact: Human Resources Department
Founded 1968. Member: ATA. Translates all languages, both from and into English. Covers all areas, with specialties in foreign language voice_overs, health care, pharmaceuticals, insurance, and technical manual translation. Resumes are compiled in a database according to area of expertise. The company, headquartered in Hartford, Connecticut has over 300 worldwide locations. It provides language training, cultural training, translation/interpretation services, and foreign language typesetting and voiceovers. Maintains a pool of 800+ translators.

Acentos, Marketing & Advertising & Translations, 400 E. Lake St., Minneapolis, MN 55408 Phone: (612)824-6109 Fax: (612)825-1729
e-mail: fcurbelo1@csc.om
Contact: Franklin Curbelo Member: ATA

AD-EX WORLDWIDE, 1733 Woodside Rd., Ste. 115, Redwood City, CA 94061 Phone: (800)223-7753 Fax: (650)474-2531
e-mail: translations@ad-ex.net Website:www.ad-ex.net
Contact: Robert Addis
Founded 1957. Member: ATA. Translates in all major languages, in all industrial fields, especially in the power and aerospace industries. Prospective translators must have demonstrable years of experience and written evidence of competence, including resumes and work samples. Resumes are responded to with a request for samples which are then thoroughly examined. The company is always glad to hear from veteran professional translators. Their client base is worldwide. Maintains a pool of "hundreds" of translators.

Adaptive Language Resources, Inc., 45 Mount Auburn St., Watertown, MA 02139 Phone: (617)924-0554 Fax:(617)924-0280

Website: www.adaptivelanguage.com
Contact: Adrian Spidle Member: ATA

Advance Language Studios, 500 N. Michigan Ave., Chicago, IL 60611 Phone:(312)782-8123 Fax:(312)782-8356
Contact: Patrick Schoorlemmer
Founded 1963. Member: ATA. Translates from English into Spanish, French, German, Italian, Portuguese, Dutch, Japanese, Korean, Mandarin, Russian, and Polish. Emphasis on Technical, Advertising, Financial, Legal, and Commercial translations. Prospective translators should be born and raised in country of target language. Resumes are entered in a database. Company services include Translation, Interpreting, Desktop Publishing, Video dubbing in in-house studio. Maintains a pool of 1000+ translators.

Advanced Communication and Translation, Inc., 4332 Montgomery Avenue, Suite A, Bethesda, MD 20814 Tel: 301-654-2890 Fax: 301-654-2891; Web Page: http://www.act_translate.com
E-mail: act@act-translate.com
Contact: Monique-Paule Tubb Member: ATA

Advanced Global Services, Inc., P.O. Box 965, Chesterton, IN 46304 Phone: (219)921-1733 Fax: (219)921-0640; E-mail: ags-inc@ags-inc.com Web site: www.AGS_INC.COM
Contact: Sylvie Prudhomme Member: ATA

Advanced Language Translation Inc.; 25 N. Washington St, Rochester, NY 14614; Toll Free: 800-218-9024 Tel: 585-697-0462 X18 Fax: 585-697-0467 E-mail: info@advancedlanguage.com Web Site: www.advancedlanguage.c-om
Contact: Scott Bass, President Member: ATA

Affinity Language Services, 101 S. Fairview Ave., Wind Gap, PA 18091
Phone: (610)863-3955 Fax: (610)863-8571
e-mail: info@affinity-languages.com Website: www.affinitylanguages.
com
Contact: Michelle Zuccarini
Founded 1998. Member: ATA. Works in Spanish, German, French, Italian, and Dutch. Also in Japanese. Main areas: Technical, sci-tech, legal, medical, and business. Also provides interpretation, editing, proofreading, transcription, and copywriting. Uses translators worldwide.

Agnew Tech-II, 741 Lakefield Rd., Ste. C, Westlake Village, CA 91361 Phone: (805)494-3999 Fax: (805)494-1749 e-mail: agnewi @agnew.com Website: agnew.com Contact: Irene Agnew
Founded 1986. Member: ATA, NAWBO, WITI. Translates Spanish, Chinese, French, German, Japanese, Russian, Vietnamese, etc. from English. Also scripts and voiceover. Covers all technical areas. Prospective translators should have a B.A. degree or higher and 2-3 years experience. Resumes received via e-mail, reviewed, graded and scheduled for a translation test. The company is a full-service translation bureau, as well as providing desktop publishing, web page design, multimedia, and audiovisual services. Maintains a pool of 300-400 translators.

AimTrans, Inc., 14752 Beach Blvd, Ste. 201, La Mirada, CA 90638 Phone: (714)522-8200 Fax: (714)522-7773 Website: www.aimtrans.com Contact: Irene Agnew member: ATA

Airspeed Translations, 4200 Westheimer Road, Ste. 201, Houston, TX 77027
Phone: (713)586-2577 e-mail: rknauth@att.net
Website: www.airspeedtranslations.com
Contact: Rick Knauth

Alanguage Bank, Inc., 150 Lafayette St., 5th Floor, New York, NY 10013 Phone: (212)213-3336 Fax:(212)685-7263
e-mail: peiwens@alanguagebank.comWebsite: www.alanguagebank.com
Contact: Pei Wen Shih Member: ATA

Albanian Translation Services, 3738 Katie Place, Triangle, VA 22172
Home: (703)221-8837 Fax: (703)221-8836
E_mail: tirana@msn.com
Contact: Mirela M. Kuhn Member: ATA

Albors and Associates, Inc., P.O. Box 5516 Winter Park, FL 32793 Phone: (800)785-8634Fax: (407)657-7004
e-mail: rene@albors.com Website: www.albors.com
Contact: René A. Albors, President
Founded 1996. Member: ATA, NAJIT, Hispanic Chamber of Commerce, Orlando Chamber of Commerce. Translates Spanish, French, Portuguese, Japan-ese, German, Chinese, Russian, Polish, Arabic and Italian, both from and into English. Emphasis on Legal, Medical and Business translations. Prospective translators should be experienced, expert with terminology, and prompt in their delivery of finished work. Accepts unsolicited resumes for translation and inter-pretation. Resumes are computer-filed, and a letter of thanks is sent to acknowledge receipt. Maintains a pool of 5300 translators.

Alexandria Translations, 8827 Fort Hunt Rd., Alexandria, VA 22308 Phone:(703)799-7606 Fax:(703)799-7607 e-mail: 102554.3407 @compu-serve.com Contact: Lidia Terziotti Member: ATA
Translates and edits documents in a variety of languages.

Allegro Translations, 4513 Vernon Blvd., Madison, WI 53705
Phone: (608)233-3208 Fax: (608)233-3511 e-mail: info@allegro.com
Website: www.allegro-translation.com
Contact: Yaël Bratzlavsky
Founded 1993. Member: ATA. Translates English into Spanish, German, French, Japanese, Chinese, Russian, Italian, Brazilian Portuguese, Hmong and Laotian. Technical manuals, user manuals, employee handbooks, and marketing. Has over 100 translators.

Allen Translation Service, Box 1529, Morristown, NJ 07962
Phone: (973)292-2737 Fax: (973)292-3954 Contact: Jeanette C. Fredericks Member: ATA

Allslavic Translation Services; 4930 NW 84th Ave., Ft. Lauderdale, FL 33351
Phone: (800)775-5504 Fax: (954)741-3898
e-mail: info@slavprom.com Web site: www.slavprom.com
Contact: Stanka Moskov Member: ATA

ALLSPEAK Interpreting Services, P. 0. Box 1606, Glendale, CA 91209
Phone: (818)246-1515 Fax: (818)246-4211 e-mail: allspeakint@aol.com Contact: Tatiana E. Vorobieff Member: ATA

Allworld Language Consultants, Inc., P.O. Box 2128, Rockville, MD 20847
Phone: (301)881-8884 Fax: (301)881-6877 Website: www.alcinc.com
Contact: Carlos Scandiffio Member: ATA

Alpha Tech Communications, 4440 Chastant St, Suite E, Metairie, LA, 70002; Phone: (504)454_6554 Fax: (504)454_6717; Web Page: www.ustranslations.c-om E_mail: alphaTC@aol.com; Contact: Giovanna Icaza Director of International Language Services Member: ATA
Founded in 1998. Alpha Tech Communications translates many languages including English into Spanish, French, German, Portuguese, Chinese and Arabic. Along with translating English into those languages they translate them back into their respective language. They also translate Italian_English, Japanese_English, Greek_English, Russian_English, Etc. Their main subjects of translation are medical handbooks and legal documents. They deal with a wide variety of documents, from journal articles to

technical documents. They do accept resumes and they do use freelance. The resumes are reviewed, evaluated, classified and kept in their data files to contact freelancers when necessary. They require you to have a good command of the language pair(s) you work with. Experience, commitment and responsibility. Computer programs and internet tool skills. They have one in_house translator and about 20 freelancers. They also offer interpreting equipment rental/sales, video narration, transcription, proofreading/ editing and ESL training..

ALTA Language Services,; 3355 Lennox Rd. NE, Ste. 510, Atlanta, GA 30326;
Phone: (404)240_1810 Fax: (404)239_9516; E_mail: robert@altalang.com
Contact: Robert Jones
Company founded 1982. Member: ATA, AAIT. Uses freelance translators and interpreters. Accepts unsolicited resumes. Resumes are filed by language. Requires outstanding translation skills. Main languages (both ways) are Spanish, German, French, Japanese, Portuguese, Dutch, Italian, Chinese, Korean, and Russian. Main subjects are legal, medical, and general. Does multilingual typesetting in addition to translation and interpretation. Engages around 300 translators.

ALTCO Translations, 1426 Ridgeview Rd., Columbus, OH 43221, USA
Phone: (614)486_2014 Fax: (614)559_6682
e_mail: trudypeters@sbcglobal.net
Contact: Trudy E. Peters, Owner.
Founded 1982. Member: ATA. Uses freelancers for translation and interpretation. Only experienced translators' applications accepted. Main languages: all European languages. Main subjects are patents, business, IT, manuals, brochures, advertising, medical/pharmaceutical.

Always Ready Translation Services, 11026 Ventura Blvd., Room 10, Studio City, CA 91604 Phone: (800)240-6601
Fax: (818)755-8959
e-mail: language@worldnet.att.net
Contact: Dan Prescott, President
Founded 1985. Accepts resumes. Translates Spanish, Asian languages, Russian, Armenian, and other European languages.

Ambassador Translating, Inc., 442 Route 202-206 N., #PMB200, Bedminste-r, NJ 07921 Phone: (908)429-0200
Fax: (908)429-0333
e-mail: rosa@am-translating.com Website: www.am-translating.com
Contact: Rosa A. Stevenson Member: ATA

America Translating Services, P.O. Box 800272, Santa Clarita, CA 91380 Phone: (800)535-0555 Fax: (800)316-2230
e-mail: rstevenson@aol.com Website: am-translating.com
Contact: Rosa A. Steventon, Coordinator
Founded 1984. Member: ATA, CCIA. Translates all languages, both from and into English. Emphasis on Legal, Technical and Medical translation. Prospective translators should provide sample translations, reference list. Resumes are listed in a database. Specializes in voiceover work. Maintains a pool of over 1,000 translators.

American Bureau of Professional Translators (ABPT), 8989 Westheimer Rd., Ste. 112, Houston, TX 77063; Phone: (713)789_2500 Fax: (713)789_892-0; E_mail: abpt@abpt.com Web site: www.abpt.com
Contact: Ms. Lu Waterhouse Member: ATA

American Education Research Corp., Box 996, West Covina, CA 91793
Phone: (626)339-4404 Fax: (626)339-9081
e-mail: aerc@cyberg8t.com Website: www.credencialsevaluation.com
Contact: John A. Sheety Member: ATA

American Translation Partners, Inc., 200 Lincoln Street, Boston, MA 02111 Phone 617.350.9988; fax 617.350.6988
E_mail: info@americantranslationpartners.c-om
Web site: www.americantranslationpartners.com
Contact: Scott Crystal
Founded 1998. Member: ATA, NAJIT, NETA, MMIA, LPDAM, FIT, TTI, LISA, AIIC. Accepts resumes. Requires language proficiency and experience as well as computer proficiency. Translates Spanish, Portuguese, French, German, Italian, Japanese, Chinese, Korean, Vietnamese, Haitian Creole, Afrikaans, and all Indian dialects. Works in government, legal, medical, insurance,

technical, financial, software subjects in more than 200 language pairs. Has 1500 translators in New England and 3500 worldwide.

ANDALEX International, Inc., 421 SW 6th Ave. Suite 1150, Portland, OR 97204 Phone: (503)24-.9756 Fax: (503)246-6002
e-mail: info@telelanguage.com www.telelanguage.com
Contact: Andrei Lupenko Member: ATA

iAntiquariat Literary Services, Inc., 12042 Trumbull Way, Reston, VA 20190 Phone:(703)707-8531 Fax:(703)707-8532
e-mail: alstranslation.com Website: www.alstranslation.net
Contact: Rebecca Marie Hindrichs Member: ATA

APS International Ltd; 7800 Glenroy Rd., Minneapolis, MN 55439; Phone: (952)831-7776 Fax: (952)-831-8150
E-mail: trans@civilactiongroup.c-om
Contact: Ann Mickow Member: ATA

Arab American Translators, 5827 Columbia Pike, #415, Falls Church, VA 22041
Phone: (703)820-5612 Fax: (703)820-1318
e-mail: info@translatearabic.com Website: www.translatearabic.com
Contact: Radwan Hakim Member: ATA

ArchiText Inc., 23 Main St., Andover, MA 01810
Phone: (978)409-6112 Fax: (978)409-6096
e-mail: hansf@architext-usa.com Web site: www.architext-usa.com
Contact: Hans Fenstermacher Member: ATA

Argo Translation, Inc., 3747 S. Howell Ave., Milwaukee WI 53207 Phone: (414)615-6000 Fax: (414)615-6005 e-mail: sales@argotrans.com Website: www.argotrans.com
Contact: Jacqueline LaCarelli
Founded 1995. Member: ATA. Uses freelance translators and interpreters. Accepts unsolicited resumes. Works in all languages and subjects, viz., medical, technical, legal, commercial. Always on the lookout for professional translators. Has 575 translators.

Around The World, Inc., 12281 Butterfield Drive NW, Pickerington, OH 43147
Phone: (614)575-2424 Fax: (614)575-2423
e-mail:atw@nls.com Website: www.atwtranslation.com
Contact: Gary West Member: ATA
Founded 1998. Member: ATA, BBB. Translates all languages, mainly technical, advertising, business and legal. Has satellite offices in Kansas City, Columbus, Brussels (Belgium), and Paris (France). Translates and typesets for private and business sectors. Utilizes over 5000 translators.

ASET International Services Corporation, 2009 North 14th St., Ste. 214, Arlington, VA 22201 Phone:(703) 516-9266 Fax:(703)516-9269
e-mail: Khendzel@asetquality.com Website: asetquality.com
Contact: Kevin S. Hendzel, Director of Language Services
Founded 1987. Member: ATA. Translates in over 100 languages, both from and into English. Emphasis on Equipment Manuals, Pharmaceuticals and Medical Equipment, Software Localization, Nuclear, Chemical, Industrial and Structural Engineering, Law and Legislation, Regulations and Codes, Education and Consumer Goods translation. Prospective translators are required to have 10 years professional translating experience and formal technical training in a specialty area. Resumes are archived in database and assignments given when appropriate match arises. Resumes *must be faxed or submitted by e-mail.* The company also works with engineering drawings and specifications and possesses full AutoCad and full-color printing capabilities. They provide interpreting services and are an authorized Master Distributor for the Philips interpreting equipment series. Welcomes voice-over talent. Maintains a pool of 1000 translators.

Asian Link Corp., 1108 W Valley Blvd., Ste. 4, Alhambra, CA 91803

Phone: (626)300-9191 Fax: (626)300-8955
e-mail:sophia@asialink.com
Contact: Sophia N. Yang Member: ATA

Asian Translation Service; 7393 S. Locust St., Midvale, UT 84047 Phone: (801)565-8281 Fax: (801)365-6560
E-mail:ats@asiantranslation.c-om Web site: www.asiantranslation.com
Contact: Steve Stevens
Founded 1992. Member: ATA. Translates English into Hmong, Vietnamese, Cambodian, Thai, Korean, Japanese, Chinese, Tagalog, Malay, and Indonesian, mainly health_related, business, personal documents, and product catalogues. Provides full range of translation and interpretation. Uses about 30 translators.

Asian Translations, Inc., 3702 E. Lake St., Ste. 102, Minneapolis, MN 55406
Phone: (612)712-5432 Fax: (612)721-5778
e-mail: atrans@asiantranslations.com
Website: www.asiantranslations.com
Contact: Sokunthea (Sue) Hendry Member: ATA

ASIST Translation Services, 4663 Executive Drive, Ste. 11, Columbus, OH 43220 Phone: (614)451-6744 Fax: (614)451-1349
e-mail: asist@asisttranslations.com
Contact: Elena Tsinman, President
Founded 1983. Member: ATA. Uses freelance translators and interpreters. Accepts unsolicited resumes. All resumes are entered in a database. If qualified, translator is contacted immediately. Applicant must be experienced, native speaker, and have a university degree. Main languages are English into French, Spanish, Chinese, Japanese, Russian, Arabic, German, Somali, Portuguese and Italian. Additional languages are Dutch, Swedish and Danish. Does 2-3 million words a year. Does also typesetting, Website translation, software translation, localization, audio-visual productions, and desktop publishing. Maintains pool of 2000 translators.

Atlantic International, Translators, Inc., 4956 Vermack Rd., Atlanta, GA 30338
Phone: (770)350-9050 Fax: (770)350-9051
e-mail: atlanticit@aol.com Website: www.atlanticitinc.com
Contact: Rogelio Cipriano Member: ATA

Atlas Translation Services, 336 North Central Ave., Ste. 6, Glendale, CA 91203 Phone: (818)242-2400 Fax: (818)242-2475
e-mail: atlas @atlaspvs.com
Contact: Sorina Kalili
Founded 1993. Uses freelancers for translation. Accepts unsolicited resumes. Main languages (both ways) are Farsi, German, Spanish, French, Arabic, Chin-ese, and Japanese. Main subjects are legal, business, and scripts. Also does legal interpretation.

Audio To Go, Inc., 42 West 89th St., New York, NY 10024
Phone: (212)721-1183 Fax: (212)721-1273
e-mail: info@a2g.com Website: www.a2g.com
Contact: Gayle Goldfarb
Founded 1991. Member: NYCT. Accepts resumes. Requires certification, experience, native speakers in target language. Translates all languages. Translates audio and video programs with narrators in their native language.

Avant Page, 1138 Villaverde Lane, Davis, CA 95616
Phone: (530)750-2040 Fax: (530)750-2024
E-mail: luis@avantpage.com Web site: www.avantpage.com
Contact: Luis Miguel, President
Founded 1996. Member: ATA. Accepts resumes. Requires 3 years exp., certification/accreditation where available. Translates English into Spanish, Japanese, Chinese (simplified and traditional), Korean, French, German, Vietnamese, Arabic, Hebrew, Italian, and Portuguese. Also Farsi, Thai, Tagalog, and MORE!. Main areas are business, hi tech, biotechnology, government documents, and advertisements. Does multilingual desktop publishing. Does over one million words per year. Utilizes over 200 translators.

Avantext, 2991 Shattuck Avenue, Ste. 200, Berkeley, CA 94705
Phone: (510) 644-3490 Fax: (510) 644-3492
E-mail: info@avantext-usa.com Web site: www.avantext-usa.com

-B-

BBC Multilingual Translations, 1231 Somerset Drive, McLean, VA 22101 Phone: (703)448-0893 Fax: (703)448-8077
e-mail: mansourf@aol.com

Babel Tower, Inc., P.O. Box 491023, Ft. Lauderdale, FL 33349
Phone: (954)731-9180 Fax: (954)731-1366
e-mail: babeltower@aol.com Website: www.babeltowerinc.com
Contact: Sandra Fernandez
Founded 1996. Member: ATA. Translates all languages.

Barinas Translation Consultants, Inc., 1100 NW Loop 410, Ste. 700, San Antonio, TX 78213 Phone: (210)545-0019 Fax: (210)545-4731 160424 E-mail: info@barinas.com Website: www.barinas.com
Contact: Sonia Barinas, President
Company founded 1980. Member: MPI, AAHA, TSHE, SATC, San Antonio Chamber of Commerce, GSHMA, ISMP, THMA. Uses freelance translators and interpreters. Accepts unsolicited resumes. Resumes are checked for quality and experience, then filed by language and areas of expertise. Please submit sample with resume, and indicate degree in translation and/or interpretation. Degree in law, medicine etc. is a plus. Main language pairs are Spanish/English, French/ English, French/Spanish, Portuguese/ English, German/English, Chinese/English, Japanese/English. Main subjects are legal, medical, technical, telecom. Specializes in simultaneous interpretation for meetings and conventions. Does about 350 projects a year. Uses hundreds of freelancers.

Berkeley Scientific Translation Service, Inc, P.O.Box 150, Berkeley CA, 94701; Phone: (510)548_4665 Fax: (510)548_4666; E_mail: marlo@berksci.c-om Web site: www.berksci.com
Contact: Dr. Marlo R. Martin
Founded 1974. Member: ATA. Translates Japanese, Korean, Chinese, and other major European and Asian languages, both from and into English. Emphasis on Mechanical, Automotive, Chemical and Chemical Engineering, Computers and Software, Electronics, Biotechnology, Pharmaceutical-s, Physics and Patent translations. Prospective translators should be able to produce autho_ritative translations into their native language within a specialized area. Resumes are screened for educational background and subject expertise as related to translation experience. The company was founded by a physicist and engineer and seeks translators with similar qualifications. Maintains a pool of 70-100 translators.
Betmar Languages, 6260 Highway 65 NE, Ste. 308, Minneapolis, MN 55432 Phone: (612)572-9711 Fax: (612)571-3467
e-mail: best@betmar.com Contact: Elizabeth A. Loo Member: ATA

BioMedical Translators, 3477 Kenneth Drive, Palo Alto, CA 94303 Phone:(650)494-1317 Fax:(650)494-1394
e-mail: biomed@biomedical.com Contact: Monique Vazire
Founded 1992. Member: ATA, NCTA. Main languages translated are French, German, Italian, Spanish, Dutch, Swedish, Portuguese, Danish, Japanese, and Chinese. Emphasis is on Medical and Biological translation, including equipment, studies and software. Prospective translators should possess at least one year experience, have knowledge of the medical field, and have access to medical dictionaries. Their equipment should include a PC and modem or e-mail; software should include Word and WordPerfect. Resumes are reviewed by the recruiting department and responded to with a test translation, which is then evaluated. The company specializes exclusively in the medical field and its peripherals. Their services also include desktop publishing. Maintains a pool of 500+ translators.

Bloomberg L.P., 100 Business Park Drive, P.O. Box 888, Princeton, NJ 08542 Phone:(609)279-4955 Contact: Elsa Shilling

Bowne Translation Services, 345 Hudson Street, New York, NY 10014
Tel. (212) 229-7370 Fax. (212) 229-7395
Email: lisa.dimeglio@bowne.com

BRADSON Corporation, 1735 Jefferson Davis Highway, Ste. 705, Arlington, VA 22202 Phone: (703)413-3050 Fax: (703)413-3056
Contact: John S. Horner

BRIDGE-LINGUATEC LANGUAGE SERVICES, 915 South Colorado Blvd., Denver, CO 80246 Phone: (303)777-7783 Fax:(303)777-7246
e-mail: translators@bridgeschool.com
Website: www.bridge-linguatec.com Contact: Michelle Duvall
Founded 1981. Translates mainly Spanish, French, German, Arabic, Dutch, Russian and Portuguese. Emphasis on legal and medical. Prospective translators should, by preference, be native speakers. Resumes are filed by language and translators contacted by need.. The company also provides ESL training for executives, foreign language instruction, and interpretation services. Maintains a pool of 150-200 translators.

Brigham and Women's Hospital, 75 Francis St., Boston, MA 02115
Phone: (617)732-6640 Fax: (617)975-0813 e-mail: igarcia@partners.o-rg
Contact: Ileana Jimenez Garcia Member: ATA

Bromberg & Associates, 28475 Ranchwood Drive, Southfield, MI 48076
Phone: (248)827-7164 Fax: (248)827-3621
E-mail: jinny@linguacity.com Web site: www.linguacity.com
Contact: Jinny Bromberg Member: ALC
Bruce International, Inc., 10550 SW Allen Blvd., Ste. 123, Beaverton, OR 97005
Phone: (503)643-8448 Fax: (503)643-7174
E-mail: info@bruceinternational.com
Web site: www.bruceinternational.com
Contact: Oscar Andrino Member: ATA

Burg Translation Bureau, Inc., 29 South LaSalle, Ste. 936, Chicago, IL 60603 Phone: (312)263-3379 Fax:(312)263-4325
E-mail: burg@interaccess.com Web site: www.burgtranslations.com
Contact: Lodovico Passalacqua, President
Founded 1936. Member: ATA. Emphasis on technical translation. Translators carefully "screened" _ Strong Project Management - QC procedure en-forced.Translati-on and Typesetting.

-C-

CC Scientific, Ltd., 73920 Mountain View Ave, Palm Desert, CA 92260
Phone: (760)341-7544 Fax: (760)341-7514 e-mail: CCSLtd@aol.com
Contact: Dr. Jaime R. Carlo-Casellas Member: ATA

C.P. Language Institute, 225 West 57th St., Ste. 404, New York, NY 10019 Phone: (212)246-2054 Fax: (212)247-2258
e-mail: info@cpli.com Website: www.cpli.com
Contact: Yuki Saito
Founded 1980. Member: ATA. Translates Chinese, Japanese, Korean, Spanish, Arabic, Russian, French, German, Hebrew, Hindi, Urdu, Vietnamese, Italian, Portuguese, Thai, Khmer, Tagalog and Indonesian, both from and into English. Emphasis on Advertising, Technical, Patent, Financial, Medical, Legal, Personal Document and Textbook translation. Prospective translators should show pro-ficiency in English and the target language and should be experienced. Resumes are responded to with a call-in or an e-mailed test translation in order to assess the candidate's ability. The company has two departments - programs and services. Programs is a language school providing small group and private language instruction. Services comprise translation, typesetting, formatting, interpretation, voiceovers and subtitling. Maintains a pool of 300 translators.

Carolina Polyglot, Inc., PO Box 36334, Charlotte, NC 28236

Phone:(704)366-5781 Fax:(704)364-2998
e-mail: wdepaula@carolinapolyglot.com
Website: www.carolinapolyglot.com Contact: Dr. William DePaula
Company founded 1971. Member: ATA, CATI. Accepts unsolicited resumes. Resumes are filed by language pair. E-mail and fax filed electronically. Require-ments for applicants include academic degree, previous experience, professional affiliation/ accreditation, references. Main languages (both ways) are French, Spanish, Italian, Portuguese, Romanian, German, Dutch, Arabic, Chinese, Viet-namese, and Japanese. Also translates Turkish, Farsi, Africaans, Hindi, Danish, Norwegian, Swedish, and Finnish. Main subjects are immigration, education, law, business, medicine, insurance, theology, ecology, literature, and computers. Uses over 30 translators.

Caterpillar, Inc., Dealer Capability Dept., Corp Translation, 501 SW Jefferson Ave., Peoria, IL 61630
Phone: (309)494-5216 e-mail: opherk_jorg@CAT.com Member: ATA
Contact: Dr. Jorg Opherk Member: ATA

CDNOW, Inc., 1005 Virginia Drive, Fort Washington, PA 19034
Phone: (215)619-9696 Fax: (215)619-9559
e-mail: emcpartland@cdnow.com Website: www.cdnow.com
Contact: Erica A. McPartland Member: ATA

Certified Interpreters & Translators (CIT), PO Box 390006, San Diego, CA 92149 Phone: (619)475-8586 Fax: (619)472-2157
Company founded 1983. Uses freelance translators and interpreters. Accepts unsolicited resumes. Resumes are filed by language and geographical area. Interpreters have to be certified. Main language pair is English-Spanish, followed by English into German and Tagalog, Russian, Arabic, and Japanese into English. Also Portuguese, Polish, and Vietnamese into English. Main subjects are legal, medical, technical, literary, commercial, as well as manuals. Does conference interpreting. Also does translator and interpreter training.

Certified Languages International, 4700 SW Macadam Ave., #200, Portland, OR 97201 Phone: (503)525-9601 Fax: (503)525-9607
E-mail: Kristin@certifedlanguages.com
Web site: www.certifiedlanguages.c-om
Contact: Kristin Quinlan Member: ATA, ALC

Certified Translation Services, One Harbison Way, Ste. 105, Columbia, SC 29212 Phone: (800)730-9970 Fax: (803)781-5052
e-mail and website: certifiedtranslationservices.com
Contact: Ed Crosby Member: ATA

CETRA, Inc; 4312 Oak Avenue, Melrose Park, PA 19027; Phone: (215)635-7090 Fax: (215)635-9239; Web Page: www.cetra.com E-mail: info@cetra.com;
Contact: Dr. Jiri Stejskal, President; Member: ATA
Founded in 1994. The main languages that they translate are English into French, German, Spanish, Japanese and Chinese. They also translate Central/East European languages. The subjects that they translate are business, legal and surveys. CETRA does use freelance and they do accept resumes. The resumes are reviewed and filed together with information provided by the vendor via online form. You may fill out a form at http://www.cetra.com/trans_appl.htm-l.

Cherry Creek Language Centre, Inc., 1071 Jersey St., Denver, CO 80220
Phone: (303)756-2520 Fax: (303)782-5686
e-mail: ignacio@translationlinks.com Web site: www.translationlinks.com
Contact: Ignacio Jimenez (DBA.Translationlinks tradename.)

Choice Translating & Interpreting, 8701 Mallard Creek Rd., Charlotte, NC 28262 Phone: (704)717-0043 Fax: (704)717-0046
e-mail: hr@choicetranslating.com Website: www.choicetranslating.com
Contact: Sophie David-Gunn Member: ATA

CinciLingua, Inc., 322 East Fourth St., Cincinnati, OH 45202 Phone: (513)721-8782 Fax:(513)721-8819
email: translat@cincilingua.com Website: www.cincilingua.com
Contact: Michael Sum
Founded 1972. Member: ATA, ASME. Translates in Spanish, French, German, Chinese, Japanese, etc., both from and into English. Prospective translators should have college degree, professional experience in a technical specialty, and references. Should have a computer. Resumes are reviewed by the Project Manager and entered in a database. Qualified candidates may be asked to translate a short sample for additional information.

CITI Translation Center, Inc., 1025 Kane Concourse, Ste. 208, Bay Harbor Islands, FL 33154 Phone: (305)868-1746 Fax: (305)868-1748
e-mail: info@cititran.com Website: www.cititran.com
Contact: Fernando Velez-Pardo
Founded 1987. Member: ATA, FLATA. Translates German, Russian, Japanese, Chinese, French, Italian and Spanish, both from and into English. Emphasis on Technical, Communication Manuals, Medical, Business and Personal Documents translation. Prospective translators should be experienced, preferably with accre-ditation and/or certification. Resumes are reviewed and the applicant contacted if there is a specific need for that language or specialty area. The company supports markets in the Americas, Europe and the Pacific Rim. Maintains a pool of 60 translators.

CME Corporation, 2945 Three Leaves Drive, Mount Pleasant, MI 48858 Phone: (517)773-0377 Fax: (517)773-1105
Contact: Fumiko Lobert Member: ATA

Columbia Language Services, 11818 SE Mill Plain Blvd., #307,
Vancouver, WA 98684 Phone: (360)896-3881 Fax: (360)896-4074
e-mail: mail@columbia-language.com
Website: www.columbia-language.com
Contact: Sveltana Linchuk Member: ATA

CommGap International Language Services
PO Box 71248, Salt Lake City, Utah 84171
Phone: (801) 944-4049 Fax: (801) 944-4046
e-mail: info@commgap.com Web site: www.commgap.com
Contact: Lelani P. Craig Member: ATA

Community Interpreter Services, Catholic Charities/Greater Boston, 75 Kneeland St., 8th Floor, Boston, MA, 02111
Phone: (617)350-4811 Fax: (617)629-5768
e-mail: inna_persitsgimelberg@ccab.com Web Page: www.cccis.org
Contact: Inna P. Gimelberg, Program Manager
Founded in 1986. Member: ATA, MMIA, NETA. Accepts resumes. Translates Haitian Creole, Spanish, Cape Verdean Creole, Vietnamese, Russian, Portuguese, Cantonese-Chinese, Vietnamese, Polish, Farsi, Bosnian and Albanian. Also Somali, Swahili, Italian, French, Arabic, Khmer and Laotian. They translate a total of 50 languages. Emphasis on Personal Document translation. Prospective translators and interpreters should live in Massachusetts or a bordering state, and possess at least a Bachelor's degree, past translating experience, and fluency in at least two languages. Qualified resumes are responded to with an interview appointment. They are a nonprofit service operated by Catholic Charities. Maintains a pool of 200 translators and interpreters.

ComNet International, 31255 Cedar Valley, Ste. 212, Westlake Village, CA 91362 Phone:(818)991-1277 Fax:(818)991-1699
Website: comnetint.c-om Contact: Dr. Elias Agel
Founded 1989. Member: ATA. Translates all languages, in all subjects. Pro-spective translators should have extensive experience and should provide references. Resumes are reviewed and entered into a database. The company also provides desktop publishing, art production and printing services. It also does voice-overs and dubbing. Specialties include Middle East consulting services, electronic update filing and interagency network cooperation. Maintains a pool of 600 translators.

Comprehensive Language Center, 4200 Wilson Blvd., Ste. 950, Arlington VA 22203 Phone: (703)247-0700 Fax: (703)247-4295

e-mail: kjdresen@comlang.com Website: www.comlang.com
Contact: Kelly Jones Dresen
Company founded 1980 as CACI. Member: ATA. uses freelance translators and interpreters. Accepted unsolicited resumes, but not unsolicited phone calls. Qualified applicants are sent a database form which is processed and are called upon when needed in their area of expertise. Requirements include college degree, 2 years professional experience as linguist, or appropriate certification/ specialized degree. Over 100 languages. Main areas are technical, legal, promotional, business. Company also does training, transcription, software and web page localization, and video narration.

Continental Communications Agency, 5105 E. Los Angeles Ave. #145
Simi Valley, CA 93063 Phone:(805)527-4446 Fax:(805)527-4460 e-mail:
cca1@adelphia.net or cca_inc@ix.netcom.com
Contact: Peter Charbonne-au Member: ATA

Continental Interpreting Services, Inc., 3111 N. Tustin Ave., Ste. 235,
Orange, CA 92865 Phone:(800)201-7121 Fax:(714)283-9045
e_mail: veronica@wespeakyourlanguage.com
Web site: www.wespeakyourlanguage.com
Contact: Veronica Amador Member: ATA

Copper Translation Service, 18 Joseph Lane, Gansevoort, NY 12831
Phone: (518)691-0155 Fax: (518)691-0157
e-mail: angelos@coppertranslation.com
Web site: www.coppertranslation.com
Contact: Angelos G. Tzelepis
Company founded 1971. Member: ATA. Uses freelance translators and interpreters. Accepts unsolicited resumes. Applicant must be native speaker of target language. Main areas are technical legal, medical, and business. Over 700 translators in pool.

Corporate Translations, 1300 Aviation Blvd., Redondo Beach, CA 90278
Phone: (860)450-0405 Fax: (860)450-0409
e-mail:ctoomey@corptrans.inc.com Website: www.orptrans.inc.com
Contact: Carolyn Toomey
Founded 1995. Member: ATA

Cosmopolitan Business Communication, 8025 Marshall Circle, Arvada, CO 80003 Phone: (303)422-6702 Contact: Maya León Meis

Cosmopolitan Translation Bureau, 53 West Jackson Blvd., Ste. 1260, Chicago, IL 60604 Phone: (312) 726-2610 Fax: (312)427-8591
Contact: Emanuel H. Steen Member: ATA

Coto Interpreting, Translating & Graphics, 447 Burchett St., 2nd Floor, Glendale, CA 91203 Phone: (818)551-4545 Fax: (818)551-1123
Contact: Melanie Coto-Trevor Member: ATA

Course Crafters, 44 Merrimac St., Newburyport, MA 01950
Phone: (978)465-2040 Fax: (978)465-5027
E-mail: LBRagan@coursecrafters.com Web site: www.coursecrafters.com
Contact: Lise B. Ragan Member: ATA

Creo International, 520 Marquette Ave., Ste. 700, Minneapolis, MN 55402
Phone: (612)342-9800 Fax: (612)342-9745
e-mail:cthudson@creo-works.com Website: www.creo-works.com
Contact: Christa Tiefenbacher Member: ATA

Counterpoint Language Consultants, Inc., P.O. Box 6184: Bridgewater, NJ 08807 Phone: (908)231-0991 Fax: (908)231-266
E-mail: ctpt@ctpt.net Web Page: www.ctpt.net
Contact: Erik Greb
Founded 1979. Member: ATA. Company uses freelance translators and interpreters. Accepts unsolicited resumes. Main languages (both ways) are French, German, Spanish, Chinese, Japanese, Portuguese, Italian, Russian, Greek and Hindi. Also Thai, Gujarati and Slovak. Main Areas are pharmaceuticals, telecom and legal. Provides worldwide language training.

Cross Cultural Communications Systems, Inc: 10 Converse Place, P.O. Box 860, Winchester, MA 01890 Phone: 781-729-3736 ext.110
Fax: 781-729-1217 E-mail: vphillips@cccsorg.com
Contact: Vonessa Phillips; Member: ATA

Crossword Translation & Interpreting, 16350 Park Ten Place, Ste. 201,
Houston, TX 77084 Phone: (281) 578-1300 Fax: (281) 578-1334
e-mail:language@crosswordtranslation.com
Contact: Office Staff
Founded 1997. Member: ATA. Accepts resumes. Translates and interprets most languages in all fields. Uses many translators and interpreters.

Cybertec USA, Inc., 153 W. Westfield Ave., Roselle Park, NJ 07204-1816
Phone: (908)245-3305 Fax: (908)245-5434
E-mail: mail@cybertecusa.com Web site: www.cybertecusa.com
Contact: Joseph Nunes
Technical Translation Bureau founded in 1990. Member: ATA, NYCT. Uses in-house and freelance professional translators. Accepts unsolicited resumes. Resumes are filed by language and specialty. Translators are required to be experienced, professional translators, preferably with language or other diploma and accreditation/certification. Translates mainly Portuguese (Euro, African and Brazilian) and Western European languages. Specialized in technical and commercial subjects, including many industries, petroleum, biotech. Does over 4 million words per year. Over 100 translators in company's pool. Offices in the USA and Portugal.

CyraCom International Inc., 7330 N Oracle Rd., Tucson, AZ 85704
Phone: (520)745-9447 Fax: (520)745-9022 Website: www.cyracom.com
Contact: Paul Burns
Company founded 1997. Member: ATA. Provides telephonic inter-pretation services on demand 24 hours a day, 7 days a week in about 150 languages. Has a secure system that provides rapid access to interpreters.

-D-

DFP Translating Service, 42 Frederick Place, Bergenfield, NJ 07621
Phone: (201)343-2258 Fax: (201)343-4155
e-mail: info@ translationservices.net
Website: www.translationservices.net Contact: Doris Pacheco

DTS Language Services, Inc., 308 W. Rosemary St., Ste. 210, Chapel Hill, NC 27516 Phone: (800)524-0722 Fax: (919)942-0686
e-mail: sales@dtstrans.com Website: www.dtstrans.com
Contact: Lucia Apollo Shaw
Founded 1972. Member: ATA, DIA, STC. Accepts resumes only electronically. Requires 5 years min. professional technical translation experience with related degree. Translates mainly Portuguese, French, Spanish, German, Italian, Czech, Vietnamese, Japanese, and Korean. Also Dutch, Finnish, Norwegian, Swedish. Mainly technical, medical, marketing, patents.

Detroit Translation Bureau, 30800 Telegraph Rd., Ste.1930, Bingham Farms, MI 48025 Phone: (248)593-6710
Fax: (248)593-6720

e-mail: info@dtbonline.com Website: www.dtbonline.com
Founded 1946. Member: ATA, LISA, SAW. Accepts resumes. Translates mainly Spanish (Mexico, Spain), Canadian French, German, Japanese, Italian, Norwegian, Dutch, Finnish and Korean. Mainly automotive – technical, training and marketing. Uses hundreds of translators.

Digital Publishing, Inc., 1805 Hicks Rd., Rolling Meadows, IL 60008
Phone: (847)776-0200 Fax: (847)776-0249
e-mail: translation@digitalpub.com Website: www.digital pub.com
Contact: Debbie Shulman

Digitek International, Inc./SAKHR, 7631 Leesburg Pike, Ste. B, Fall Church, VA 22043 Phone: (703)883-0134 Fax: (703)883-0137
Contact: Youb Benyoucef
Diplomatic Language Services, 1901 N. 19th St., Ste. 600, Arlington, VA 22209 Phone:(703)243-4856 Fax:(703)358-9189
e-mail: resume@dls-inc.com Website: www.dls-inc.com
Founded 1985. Member: ATA, NCATA, NAJIT. Accepts resumes. Requires 5 years professional experience. Translates all languages. Provides all translation and interpretation services as well as language training.

DocuTrans, Inc., 4712 S. 2675 W, Roy, UT 84067
Phone: (801)916-3924 Fax: (801)776-4027
e-mail: translate@docutrans.com Web site: www.docutrans.com
Contact: Gabariele H. Johnson Member: ATA

Dragon Crest Associates, Inc., 11026 Ventura Blvd., Ste. 10, Studio City, CA 91604 Phone: (800)240-6601 Fax: (818)755-8959
e-mail: language@worldnet.att.com
Contact: Dan Prescott Member: ATA

-E-

800-Translate, 865 United Nations Plaza, New York, NY 10017
Phone: (800)872-6752 Fax: (888)872-6752
Website: www.800-translate.com Contact: Ken Clark

echo international, Three Gateway Center, Floor 14 W, Pittsburgh, PA 15222 Phone: (412) 261-1101 Fax: (412) 261-1159
e-mail: dutka@echotrans.com Contact: Leslie A. Dutka

Echo Translation, P.O. Box 15301, Minneapolis, MN 55415
Phone: (612) 822-3473 Fax: (612)339-2122 e-mail: echobea@aol.com
Contact: Bea Cabrera

Eiber Translations 65-11 174th St., Fresh Meadows, NY 11365
Phone: (718) 463-2900 Fax: (718) 359-4073 e-mail: ibertrans@aol.com
Contact: Edna H. Eiber

El Andar Translations, P.O. Box 7745, Santa Cruz, CA 95061
Phone: (831) 457_8353 Fax: (831) 457_8354
e-mail: translations@elandar.com Web site: www.elandar.com
Contact: Marga Vaquer

eLocale, Inc., 815 Park Blvd., Ste. 255, Boise, ID 83712
Phone: (208)336-5530 Fax: (208)336-6445info@

elocale.com Web site: www.elocale.com
Contact: Cary Clark

Eriksen Translations Inc., 32 Court St., 20th Fl., Brooklyn, NY 11201
Phone: (718) 802-9010 Fax: (718) 802-0041
e_mail: info@erikseninc.com Web site: www.erikseninc.com
Contact: Leah Ruggiero
Founded 1986. Member: ATA, NYCT, STC. Translates into and from all major languages. Emphasis on Legal, Financial, Advertising, Education, Pharmaceutical and Health Care. Translators are encouraged to register on Web site. The company also provides typesetting services and Web site globalization. Maintains a pool of 3000 translators.

eTranslations, 1930 Village Center Circle #3-930, Las Vegas, Nevada 89134
Phone: 1-888-262-3468 (USA only) / (303)388-4488 Fax: (303)388-2255
E-mail: info@etranslations.com Web site: www.etranslations.com
Contact: Desiree Blum

Eurasia International, 16530 Ventura Blvd., Ste. 206, Encino, CA 91436 Phone: (818)907-9718 Fax; (818)907-9763
e-mail: VMordukhay@worldnet.att.net Website: www.eurasia-usa.com
Contact: Violetta Mordukhay
Founded 1993. Member: ATA. Accepts resumes. Translates mainly Spanish, German, Hebrew, Russian, French, Arabic, Farsi and Indonesian. Also Romanina, Slovak, Malay, Japanese, Polish, Czech and Chinese. Mostly immigration, legal, and book publishing. Pool of over 200 translators.

Eureka-Foreign College Evaluators & Translators, 6601 W. Irving Park Rd., Ste. 204, Chicago, IL 60634
Phone:(773)545-1700 Fax:(773)545-1716
e-mail: eu-reka@interaccess.com Website: www.polishtranslations.c-om
Contact: Maria Drewicz, Executive Director
Founded 1992. Member: ATA, The Translators and Interpreters Guild. Translates Polish, both from and into English, and German and Spanish into English. Emphasis on University Admission Documents, Immigration & Naturalization, Business, Technical, Medical and Legal translation. Prospective translators should have IBM-compatible PC, Word Perfect 5.1 DOS or Windows, minimum Bachelor's Degree. Resumes are reviewed, and qualified persons contacted. The company specializes in credential evaluation and Polish-American consulting services for business cooperation, cultural and marketing advisement, and is currently looking for Polish translators and interpreters. Maintains a pool of 10 translators.

EuroNet Language Services, 295 Madison Ave., 45th Fl., New York, NY 10017 Phone:(212)271-0401 Fax:(212)271-0404
e-mail: euronet@mindspring.com
Contact: Anouk, HRM
Founded 1989. Member: NYCT, ATA. Uses freelance translators and interpreters. Accepts unsolicited resumes. Translates Spanish, French, Portuguese, Italian, Dutch, German, Swedish, and other European languages, both from and into English. Translates all subjects. Prospective translators must be native speakers with bilingual capacity in English and possess a university degree. Resumes are reviewed and added to a database. Maintains a pool of 300 translators.

Eurotext Translations Rosetta Stone, 34 Franklin St., Ste. 200A, Nashua, NH 03063 Phone: (603)883-9388 Fax: (603)595-8673
e-mail: translate@rosettastoneinc.net
Web site: www.etrosettastoneinc.c-om
Contact: John Furey, CVO
Founded 1972. Member: GALA, STC, NHITA. Accepts resumes. Translates all major languages including French, Italian, German, Spanish, Russian, Chinese, Japanese, Arabic, Portuguese and Greek. Mostly industrial, medical, legal, scientific, marketing,

computers, software and localization. Also provides the following services: interpretering, voice_overs, localization, language instruction and cross-cultural training. Aquired by Eurotext Translations, Dublin, Ireland in October 2002.

Excel Translations, Inc., 660 Market St., Ste. 206, San Francisco, CA 94104 Phone: (415)434-4224 Fax: (415)434-4221
e-mail: info@xltrans. com Web site: www.xltrans.com
Contact: Hervé Rodriguez
Founded 1995. Offices in California, Pennsylvania and Spain. Member: ATA, NCTA, STC, HTML Guild. ISO 9001:2000 certified. Translates into and from all major European and Asian languages. Emphasis on Software Localization and Life Sciences. Prospective translators should have three years' translation experience and a specialty field. They should be native speakers and have access to the Internet. Most translations done using TM tools. Applicants will need to take a test. Resumes are screened and entered into a database if test is successful. Applicants are notified by postcard. The company works with both freelancers and in_house translators and provides full DTP services. Maintains a pool of 1,000 translators.

Executive Linguist Agency, Inc., 500 S. Sepulveda Blvd., Ste. 300, Manhattan Beach, CA 90266 Phone: (310)376-1409 Fax (310)376-9285 e-mail: mail@executivelinguist.com Website: www.executivelinguist.c-om Contact: Ronald R. Randolph

Expert Translators, 10621 N. Kendall Drive, Ste. 111, Miami, FL 33176. Phone: (305)279-8353 Fax: (305)273-4407
e-mail: experttranslators.com Website: www.experttranslators.com
Contact: Emily Correal

-F-

FLS, Inc., 3609 A-5 Memorial Parkway SW, Huntsville AL 35801
Phone: (205)881-1120 Fax: (205)880-1112
e-mail: mail@flstranslation.com Website: www.flstranslation.com
Contact: Judith H. Smith
Company founded 1979. Member: ATA. Uses freelance translators and interpreters. Unsolicited resumes accepted. Translates over 60 languages, mainly Japanese, Spanish, French, Chinese, Korean, German and East European languages. Mostly technical and legal. Over 200 translators.

Federal News Service, 620 National Press Building NW, Washington, DC 20045 Phone: (202)347-1400 Fax: (202)626-2630
e-mail: info@fednews.com Website: www.fednews.com
Contact: Marina Makanova
Founded 1987. Accepts resumes. Requires college degree. Translates mainly Spanish, French, Russian, Chinese, and Arabic. Uses 63 translators. The company is a news wire that provides government transcripts, online newsclipping, news monitoring services, and translations in almost any language.

First Translation Services, 3072 Brighton, 1st St., Brooklyn, NY 11235
Phone: (718)372-7723 Fax: (718)265-6653
Contact: Jack Kleyman Member: ATA

Foreign Exchange Translations, Inc., One Richmond Square, Providence, RI 02906 Phone: (401)454-0787 Fax: (401)454-0789
e-mail: adnresh@fxtrans.com Website: www.fxtrans.com
Contact: Andres Heuberger Member: ATA

Foreign Ink, Ltd., 5735 Washburn Ave. S, Minneapolis MN 55410 Phone:
612)920-4884 Fax: (612)924-9075
e-mail: greg@fornink.com Web site: fornink.com

Contact: Gregory Stricherz Member: ATA

-G-

GES Translation Services, 836 Manhattan Ave., Brooklyn, NY 11222
Phone: (718)389-8453 Fax: (718)389-4442 e-mail:ges@flashcom.net
Contact: Richard Rzeznik
Garcia-Shilling International, 1402 Corinth, L.B. 139, Dallas, TX 75215
Phone: (214)428-4428 Fax: (214)428-4458
e-mail: acento@swbell.net Contact: Luis A. Garcia, Sr.

Gene Mayer Associates, 9 Depot St., 2nd Fl., Milford, CT 06460
Phone: (203)882-5990 Fax: (203)882-5995
e-mail: info@design4language.com
Founded 1985. Member: ATA, AIGA, Design Management Institute, National Investor Relations Institute, CT Art Directors Club. Provides graphic design, translation and production of complex printed material used by global corporations. Emphasis on business (employee information, annual reports, marketing brochures, corporate policy manuals). The firms handles translation, design, book layout and production in 30 languages. Prefers to work with agencies or with translators with a qualified track record with large corporate clients.

Geneva Worldwide Inc; 62 West 22nd Street, New York, NY 10010 Phone: (212)255-8400 Fax: (212)255-8409;
E-mail: genevaworldwide@aol.com
Web Page: www.genevaworldwide.c-om
Contact: Craig Buckstein, VP Operations.
Member: GSA, ATA, NAJIT, RID, NYCT, OGS. Geneva Worldwide was founded in 1903. They translate Spanish, Creole, Chinese (T+S), Arabic, Polish, Korean, Bengali, Urdu, Russian, Albanian. In addition they also translate 180 more languages. Their main subjects are business, medical, legal, general, technical, and financial. They specialize in various types of translation. They do accept freelance along with resumes. The resumes are filed by language and coded by experience and SME. Requirements for applicants are professional resumes. Geneva Worldwide provides face to face interpretation and document translation in over 180 different languages. They provide multilingual services to many Federal, State, City and Private agencies. They have several hundred translators in their pool.

The Geo Group, 6 Odana Court, Ste. 205, Madison, WI 53719
Phone: (608)230-1000 Fax: (608)230-1010
e-mail: translation@thegeogroup.com Website: www.thegeogroup.com
Contact: Translation Manager
Founded 1991. Accepts resumes. Requires min. 3 years translation/inter-preting experience. Main languages are French, German, Hmong, Italian, Portuguese, Spanish, Japanese, Chinese and Dutch. Also other European languages. Main subjects are medical, automotive, marketing, computers, dairy equipment, legal and audio/video. Uses a pool of over 500 translators.

Geotext Translations, 259 W. 30th St. 17th Floor, New York, NY 10001
Phone: (202)631-7432 Fax: (202)631-7407
e-mail: translations@geotext.com Web site: www.geotext.com
Contact: Randon Burns

German Language Services, 2658 48th Ave., SW, Seattle, WA 98116
Phone: (206)938-3600 Fax: (206)938-8308
e-mail: GermanLanguage@GermanLanguageServices.com
Web site: www.GermanLanguageServices.com
Contact: Maia Costa
Founded 1979. Member: ATA, NOTIS, GACC. Accepts resumes only in electronic form. Requires formal training in translation or interpretation and 5 years experience. Only translates German.

Global Advanced Translation Services, Inc., 501 S. Fairfax Ave., #212, Los Angeles, CA 90036
Phone: (323)937-1525 Fax: (323)937-6568 e-mail: mteper@aol.com
Contact: Marina Teper Member: ATA
Founded 1979. Member: ATA, NOTIS, GACC. Accepts resumes in electronic form. Requires training in translation or interpretation and 5 years experience. Only translates German.

The Global Institute of Languages and Culture, Inc., 7301 NW 4th st., Ste. 110, Plantation, FL 33317 Phone: (954)327-1662 Fax: (955)327-8116 e-mail: globalin@gate.net Website: www.globalinstitute.com
Contact: Antonieta Mercado
Member: ATA. Translates Spanish, Portuguese, Italian, French, German, etc., both from and into English. Emphasis on General, Computer, Medical and Legal translation. Prospective translators should have a college degree, experience, and should be native speakers of the target language. Resumes are responded to based on the applicant's qualifications and the company's needs. Maintains a pool of 20 translators.

Global Languages & Cultures, Inc., 680 N. Lake Shore Drive, Ste. 919, Chicago, IL 60611 Phone: (312)981-4444
Fax: (312)981-4445
e-mail: yozturk@e-translation.com Website: www.e-translation.com
Contact: Sedef Olcer

Global Language Solutions/The Russian Word, Inc., 19800 MacArthur Blvd., Ste. 520, Irvine, CA 92612
e-mail: info@globallanguages.com Website: www.globallanguages.com
Contact: Inna Kassatkina

Global Translation Systems Inc., 910 Airport Rd., Chapel Hill, NC 27514 Phone:(919)967-2010 Fax:(919)929-1333
e-mail: mike@globaltranslation.com Website: www.globaltranslation.com
Contact: Michael Collins Member: ATA

Global Visions LLC, 900 Commonwealth Place, Suite # 218., Virginia Beach, VA 23464 Phone: (757)495-3719
Fax: (757)495-6398
e-mail: globalvisions48@msn.com
Contact: Kristi B. Emerson Member: ATA

The Global Word, Inc., 63 Grand Ave., River Edge, NJ 07661
Phone: (201)343-0015 Fax: (201)343-4155
e-mail: info@globalword.com Website: www.globalword.com
Contact: Michael Fundaro Member: ATA

Global Works.Com, 129 W. 27th St., New York, NY 10001
Phone; (212)414-1300 Fax: (212)414-8700
e-mail: emantello@globalworks.com Website: www.globalworks.com
Contact: Elisabeth Mantello Member: ATA

Go Global Translations, Inc., 19515 Rosedale Ave., Excelsior, MN 55331 Phone: (952)474-6413 Fax: (952)474-3756
e-mail:TeresaGoGlobal@cs.com Website: www.goglobalranslations.com
Contact: Teresa A. Crespo Member: ATA

The Golf Channel, Inc., 7580 Commerce Center Drive, Orlando, FL 32819 Phone: (407)248-3344 Fax: (407)248-1344
e-mail: jkrisand@tgcinc.com

Contact: James R. Krisanda Member: ATA

-H-

H&K Translations, LLC, 701 Brickell Ave., Suite 3000, Miami, FL 33131 Phone: (305)789-7521 Fax: (305)789-7799
Contact: Maury M. Scharrer Member: ATA

Health Outcomes Group, 3600 West Bayshore Road, Suite 106, Palo Alto, California 94303 Tel: (650) 858-8033 Fax: (650) 858-8034
e-mail: david_himmelberger@healthoutcomesgroup.com
www.healthoutcomesgroup.com

Hernandez & Garcia, LLC, 7360 N. Lincoln Ave., Ste. 100, Lincolnwoo-d, IL 60712 Phone: (847)676-4445 Fax: (847)676-1420
e-mail: mhernandez@hernandezgarcia.com
Contact: Maritza Hernandez Member: ATA

Hightech Passport Limited, 1590 Oakland Rd., Ste. B202, San Jose, CA 95131 Phone: (408)453-6303 Fax: (408)453-9434
e-mail: magdalena@htpassport.com Website: www.htpassport.com
Contact: Magdalena Enea, VP of Market Development
Founded 1992. Member: ATA, NCTA. Translates French, German, Spanish, Italian, Portuguese, Swedish, Dutch, Russian, Japanese, Chinese, and all Scandinavian from English. Emphasis on Computer Software, Documentation (both printed and online), Marketing Materials, Tapes, and Computer Training Literature translations. Complete range of internationalization and localization services, mainly to IT and medical industry. The company also provides software localization and testing, videotape localization, and desktop printing services. Maintains a pool of 150 translators.
Honda R&D North America, Inc., 21001 State Route 739, Raymond, OH 43067 Phone: (513)645-6164 Fax: (513)645-6341
e-mail: knason@oh.hra.com Contact: Kay T. Nason

-I-

IDEM Translation, 550 S. California Ave., Ste. 310, Palo Alto, CA 94306
Phone: (650)329-0170 Fax: (650)329-0266
e-mail: idem@compuserve.c-om
Contact: Mariam Nayiny Member: ATA

ISI, 3501 Market St., Philadelphia, PA 19104
Phone: (215)386-0100 Fax: (215)243-2208
e-mail: ellen.boyar@isinet.com Website: www.isinet.com
Contact: Ellen A. Boyar

ISI (Interpreting Services International Inc.), 6180 Laurel Canyon Blvd., #245, N. Hollywood, CA 91606 Phone: (818)753-9181 Fax: (818)753-9617 e-mail: info@isitrans.com
Contact: Cathi Rimalower

INAWORD, 811 W. 7th St., Ste. 204, Los Angeles, CA 90017
Phone: (213)688-6200 Fax: (800)805-7994
e-mail: info@inaword.net Website: www.inaword.net
Contact: Stella Fridman Member: ATA

Information Builders, Inc., Two Penn Plaza, New York, NY 10121
Phone: (212)736-4433 Fax: (212)967-6404 Website: www.ibi.com
Contact: Georgina Channer Member: ATA
Inline Translation Services, Inc., 100 W. Broadway, Suite 520, Glendale, CA 91210 Tel: (818)547-4995 Fax: (818)547-4013 www.inlinela.com

Inlingua Language & Intercultural Services, 15500 Wayzata Blvd., Suite 819, Wayzata, MN 55391 Phone: (952)929-9155 Fax: (952)929-0020
e-mail: info@inlingua-mn.com
Web site: www.inlingua.com/minneapolis.htm
Contact: Carolyn Leavenworth Meyers Member: ATA

Inlingua Translation Service, 95 Summit Ave., Summit, NJ 07901
Phone: (908)522-0622 Fax: (908)522-1433 e-mail: summit@inlingua.com
Contact: Erica Alicea
Founded 1968. Uses freelance translators and interpreters. Accepts unsolicited resumes. Resumes are kept on file for future jobs. Applicants must have computer, fax, and modem. Ten top languages are Spanish, French,Italian, Portuguese, Russian, German, Chinese, Japanese, Danish, and Polish. Also translates Korean and Romanian. Main areas are lincenses, birth certificates, and transcripts. Has pool of some 30 translators.Operates as language school with translation services.

Inlingua, Inc., 171 East Ridgewood Ave., Ridgewood, NJ 07450 Phone: (201)444-9500 Fax: (201)444-0116
E-mail: ridgewood@inlingua.com Web site: www.inlingua.com, 2nd website: www.inlinguanorthnj.com
Contact: Sandra Stern, Translation Services Coordinator
Founded 1977. Member: ATA. Accepts resumes from translators and interpreters.. Requires ATA accreditation. Main languages are Spanish, French, Portuguese, German, Italian, Chinese, Japanese, Russian, and Arabic. Also Hindi, Hungarian, Polish, Romanian and Dutch Czech, Serbo-Croation, Haitain-Creole, French Canadian. Mainly legal, pharmaceutical, financial. Additional subjects that we translate: websites, medical, cosmetics,electronics subjects, tape transcriptions. Uses some 150 translators.

Intermark Language Services Coporation, 2555 Cumberland Pkwy, Ste. 295, Atlanta, GA 30339 Phone: (770)444-3055 Fax: (770)444-3002
e-mail: info@intermark-languages.com
Website: www.intermark-languages.com
Contact: Tom West
Founded 1995. Member: ATA. Accepts resumes. Interested in translators with with a law or business degree. Translates mainly French, Spanish, German, Portuguese and Swedish. Emphasis is on Law and Business translation. Prospective translators *must* provide a sample translation in every combination they wish to translate; ATA accreditation is preferred.

InterNation, Inc., 299 Broadway, Ste. 1400, New York, NY 10007
Phone:(212)619-5545 Fax: (212) 619-5887
e-mail: info@internationinc. com Web site: www.internationinc.com
Founded 1990. Member: ATA, NYCT. Uses freelance translators and interpreters. Accepts unsolicited resumes. Prospective translators are invited to register themselves in the online database at www.internationinc.com. All applicable database forms must be filled out completely. Translates from and into all major languages, but predominantly works with Spanish, Portuguese, Italian, French, German, Japanese, Chinese, Russian, Korean, Arabic, Polish, Dutch and the Scandinavian languages. InterNation specializes in foreign language voiceovers and subtitling for corporate sales, image, training, safety, advertising videos and informercials as well as documentaries. Maintains a state-of-the-art digital recording studio in-house and has an online voice talent database with audio samples of 400 native language voice actors in over 40 languages. Employs narrators and character actors mainly in the New York City area. Also translates commercial, financial, legal, technical, scientific, medical, pharmaceutical, PR material and advertising copy. Maintains a pool of some 5,000 translators.

International Bureau of Translations, Inc, 10291 North Meridian St.,
Ste. 350, Indianapolis, IN 46290 Phone: (317)581-0060 Fax: (317) 581-1160 e-mail: ibtinc@ibtworld.com Web site: www.ibtworld.com
Contact: Demetria Gecewicz

Founded 1976. Member: OTIAQ, Indianapolis Chamber of Commerce, IUPUI, Indiana University. Translated 56 languages last year. Emphasis on Medical, Technical, Legal, Business and Personal Document translation. Prospective translators should be native speakers with access to a computer, modem, or fax. They should send a rate chart with their resume. Resumes are filed and the translator contacted as the need arises. In addition to translation and desktop publishing, the company does foreign videos, court interpretation, cultural presentations, and conducts language classes. They research the cultural acceptability of company names, product names and slogans, and are the official translators for the International Violin Competition. Maintains a pool of 150 translators.

International Communication by Design, Inc., 1726 North First St., Milwaukee, WI 53212 Phone:(414)265-2171 Fax:(212)265-2101
e-mail: info@icdtranslation.com Website: www.icdtranslation.com
Contact: Jennifer Marquardt, Office Manager
Founded 1991. Member: ATA, Wisconsin World Trade Center, STC. Translates mainly Italian, Spanish, French, German, Portuguese, Dutch, Arabic, Greek, Japanese and Chinese. Also Korean, Russian and Swedish. Emphasis on Technical Manuals, medical and Legal translation. Also website localization. Prospective translators should be native speakers and ATA accredited, with a specific area of expertise and must be able to send projects in via CompuServe. Resumes are filed and used as a resource for new translators, interpreters and typesetters. It is a translation service company with a wide range of clients, from large corporations to smaller cottage industries. The company is actively community involved. Maintains a pool of over 60 translators.

International Contact, Inc., 351 15th St., Oakland, CA 94612
Phone:(510)836-1180 Fax:(510)835-1314
e-mail: info@intlcontact.com Web site: www.intlcontact.com
Contact: Carla Itzkowich Member: ATA

International Effectiveness Centers, 360 Pine St., 3rd Floor, San Francisco, CA 94104 Phone:(415)788-4149 Fax:(415)788-4829
e-mail: iec@ie-center.com Website: www.ie-center.com
Contact: Taryk Rouchdy
Founded 1972. Member: ATA, NCTA. Translates Spanish, Chinese, Russian, and Portuguese, both from and into English, French and Vietnamese from English, and Japanese into English. Emphasis on Legal, Technical and Children's Book translation. Uses freelance translators and interpreters. Accept unsolicited resumes. Prospective translators must have at least 3 years experience and be tested unless they hold current ATA accreditation. Resumes are screened for qualifications and appropriate equipment and, if qualified, entered into a data base The company also does desktop publishing in all languages, as well as voiceovers, dubbing, promotional work, crosscultural and language training, and international business consulting. Maintains a pool of 7000 translators in its data base, 170 of whom are used regularly.

International Institute of Wisconsin, 1110 N. Old World 3rd St.,
Milwaukee, WI 83203 Phone: (414)225-6220 Fax: (414)225-6235
E-mail: iiw@exepc.com Web site: www.iiwisconsin.org
Contact: Alexander P. Durtka, Jr.

International Language Center, 1416 S. Big Bend Blvd., St. Louis, MO 63117 Phone: (314)647-8888 Fax: (314)647-8889
e-mail: ilc@ilcworldwide.com Website: www.ilcworldwide.com
Contact: Dede S. Brunetti

International Language Services, Inc., 5810 Baker Rd., Ste. 250,
Minnetonka, MN 55345 Phone: (612)672-9600 Fax: (612)672-9400
e-mail: info@ilstranslations.com Web site: www.ilstranslations.com
Contact: John Funk
Founded 1982. Translates Spanish, French, German, Italian, Portuguese, Japanese, Swedish, Dutch, Danish, Chinese and most other languages from English. Emphasis on Medical, Technical, Business and Legal translation.Prospecti-ve translators should have ATA accreditation, references, a minimum 3_5 years experience, and be native speakers of the target language. Resumes are read and filed by language. Their primary focus is on biomedical instrumentation. Maintains a pool of over 300 translators.

International Language Source, Inc., P.O. Box 338, Holland, OH 43528

Phone:(419)865-4374 Fax:(419)865-7725
e-mail: ilsource@adelphia.net Web site: www.ilsource.com
Contact: Ryan Stevens, Account Manager
Founded 1981. Member: TAITA, ATA. Uses freelance translators and interpreters. Accepts unsolicited resumes. Prospective translators should have a specialty area and the appropriate resources for projects in that area. Resumes are kept for 6 months in an active database. Contact may involve the paid translation of a short sample. Translates mainly French, Spanish, German, Italian and Chinese. Also Japanese, Portuguese and Hebrew. Emphasis on Glass Manufacturing and Retail, Automotive OEM and Aftermarket, Furniture, Legal, Industrial and Healthcare translation. In addition to translation services, the company provides video and interactive CD-ROM translation and voiceovers. The company is willing to consider internships and cooperative projects with other translation companies.

International Translating & Typesetting Company, 2730 Stemmons Freeway, Ste. 302, Dallas, TX 75207-2248 Phone:(214)630-0840
Fax: (214)630-6482 e-mail: 102462.161@compuserve.com
Contact: Javier Galdeano, Translation Manager
Founded 1969. Member: Greater Dallas Chamber of Commerce. Translates Spanish, Chinese, French, German, Arabic, Russian, Japanese, Portuguese, Korean, Vietnamese, Bulgarian, Cambodian, Serbo-Croatian, Czech, Danish, Dutch, Farsi, Finnish, Greek, Gujarati, Hebrew, Hindi, Indonesian, Kurdish, Latin, Norwegian, Polish, Punjabi, Romanian, Hungarian, Swedish, Tagalog, Thai, Turkish, Ukrainian, and Urdu, both from and into English. Emphasis on Petroleum, Electronics, Legal, Business, Advertising, Food Export, Chemical, and Civil Engineering translations. Prospective translators must accept work *only* from translation companies, and *never directly from end users*. They must have either IBM or Macintosh computers, a modem and a fax. Resumes are filed until a need arises. In addition to translation, the company also provides high-resolution typesetting in most languages. Maintains a pool of 200 translators.

International Translating Bureau, 16125 West 12 Mile Rd., Southfield, MI 48076-2912 Phone:(248)559-1677 Fax:(248)559-1679
e-mail: itbinc @itbtranslations.com
Contact: Mariano Pallarés, President
Founded 1977. Translates all language pairs. Emphasis on Automotive, Engineering, Machine Tool, Legal, Medical, and Public Relations translation. Prospective translators should be native speakers of the target language, have at least 5 years residence in the source-language country, and have academic training or on-job experience in a specialized field. Candidates must have computer, fax and current software, particularly WordPerfect and Word for Windows for PC or Mac. Re-sumes are scanned for qualifications in which the company is interested and filed for future use. The company offers accurate, native-like translations. Maintains a pool of 250 translators.

International Translation Service, P.O. Box 188331, Sacramento, CA 95818 Phone: (530)753-7482 Fax: (530)753-7482
E-mail: its@yolo.com Web site: www.geocities.com/its worldwide Contact: Garry Pratt
Founded 1970. Uses freelance translators and interpreters. Accepts unsolicited résumés. Prospective translators must be experienced in both their languages and specialty fields, and should possess a variety of means of communications, including phone, fax and e-mail; they should have computers with the appropriate language fonts. Résumés are filed by language. Translates mainly Scandinavian, German, Spanish, and French, and also Estonian, Irish, Italian, Russian, Finnish, Portuguese, Polish, Dutch and more. Translates mainly legal, scientific, commercial, and medical. Maintains a pool of some 80 translators.

International Translation Solutions (ITS), 990 Lumber Exchange Building, 10 South 5th Street, Minneapolis, MN 55402
Phone: (612) 339-4660 General e-mail: translate@intransol.com
Web site: http://www.intransol.com
Contact: Jason Wood, President and CEO
Founded 1989. Member: ATA, STC, NADTP, GBCC. ITS translates all major languages to and from English. Emphasis on technical, medical, legal, B to B, advertising and marketing materials. Prospective translators must have professional experience, be subject pecialized and be proficient with TRADOS or other CAT tools. Submit resumes to hr@intransol.com. ITS also provides multilingual typesetting and desktop publishing, graphic design, and audio and video production services. Maintains a pool of over 3,000 translators

Interpretations, Inc., 8665 W. 96th St., Ste. 201, Overland Park, KS 66212 Phone: (913)338-2434 Fax: (913)338-

2636
e-mail: interp@accessus.net Web site: www.exactwords.com
Contact: Gloria J. Donohue
Founded 1991. Member: ATA, MICATA, International Trade Club, International Relations Council, Women's Resources Network. Translates mainly Spanish, French, German, Portuguese, Russian, Dutch, Swedish and Italian. Also Danish, Finnish and Korean. Emphasis on Instructional and Technical, Legal, Advertising, Video Script and Educational Materials translation. Prospective translators must be native speakers and have five years' experience; ATA accreditation is a must. They should be up_to_date on hardware and software. Resumes are reviewed and filed; a select number are asked to provide samples of their work and/or translate short paragraphs. The company also provides interpreters for meetings, conferences and telephone conferencing. Maintains a pool of about 100 translators.

Interpreters' Index.com, P.O. Box 880872, San Diego, CA 92168
Phone: (619)850-8279 Fax: (619)334-9473
e-mail: info@interpretersindex.com
Website: www.interpretersindex.com
Contact: Juana Esther Blanco Member: ATA

InterSol, Inc.,Three Point Drive, Ste. 301, Brea, CA 92821
Phone: (714)671-9180 Fax: (714)671-9188
email: solutions@intersolinc.com Website: intersolinc.com
Contact: Susana Turbitt
Founded 1996. Member: ATA. Accepts resumes. Translates mainly French, Italian, German, Spanish, Portuguese, Japanese, Chinese, Danish, Swedish and Finnish. Mostly medical, electronics, computers, automotive, general business, travel and sports. Also software localization. Uses some 30 translators.

Interspeak Translations, Inc., 114 East 32nd St., New York, NY 10016 Phone: (212)679-4772 Fax: (212)679-5084
Contact: Silvia Zehn Member: ATA

IRU Language & Translation Services; 2909 Hillcroft Ave, Suite 538, Houston, TX, 77077; Phone: (713)266-0020
Fax: (713)266-1716; Web Page: www.iru_services.com e-mail: IRU2000@aol.com
Contact: Elke Krause;
Member: AATG, ATA, HITA, WBEA, GACC, Houston-Leipzig Sister City Association; Founded In 1989. The main languages that IRU translates are English, German, Spanish, French, Italian, Portuguese, Russian, Chinese, Korean and Indonesian. In addition they translate all other languages. The main subjects that they translate are legal, commercial, medical, technical and individual. IRU does use freelance and they do accept resumes. Once they have received a resume it is checked if all the information needed is enclosed and then it is added to a freelance database. They require translators to hold a translation degree or equivalent, interpreters to be court certified and teacher have to hold a degree for foreign language education. IRU Language & Translation Service is a well-established company, serving not only the greater Houston area, but also Baytown, Clear Lake, Orange and Freeport, Texas. Some more of their services include foreign language and ESL classes, private language tutoring with an emphasis on German, cross-cultural seminars and tour-guiding/chaperon services for visitors. They offer prompt, accurate and confidential services at competitive prices. They are also listed in the membership directory of the German American Chamber of Commerce. Their average work load per year is 1,500 translations per year. They have about 40 translators in their pool.

Italian Language Connection, Inc., 5225 Pooks Hill Rd. Ste. 504-S, Bethesda, MD 20814 Phone: (301)897-3728
Fax: (301)897-0872
E-mail: ItalTranslations@cs.com
Contact: Mark L. Pisoni
Founded 1991. Member: ATA. Accepts resumes. Only translates Italian. Main subjects are economics and finance, legal, business, marketing and medical. Uses 15 translators.

Iverson Language Associates, Inc., P.O. Box 511759, Milwaukee, WI 53203 Phone:(414)271-1144 ext.21
Fax:(414)271-0144
e-mail: steve@iversonlang.com Web site: www.iversonlang.com
Contact: Steven P. Iverson, President
Founded 1986. Member: ATA, STC, ASTD. Translates French, Spanish, Japanese, Italian, Arabic, Dutch, and Korean from English, and Portuguese, German,Polish, Chinese and all other languages, both from and into English.Emphasis on Technical

Manuals (large machines), Medical Operators' Manuals, Spec Sheets, Financial, Software, Advertising Packaging, and Legal translations. Prospective translators should have computer, fax, current software, e-mail. Must be native speakers in the target language, with a technical background and formal training in a specific field of concentration. Three years experience in the industry and good writing skills are preferred. Resumes are reviewed internally for the required criteria. Interested translators should complete the translator listing format http://www.iversonlang.com/contact/translator.asp. The company provides translation, interpretation, typesetting and video narration services in most major languages, as well as technical writing and illustration. Typesetting capabilities include Chinese and Japanese. Maintains a pool of 600 translators. Iverson Language Associates is a long-standing member of the American Translators Association, and a Founding Member of the Association of Language Companies.

-J-

JLS Language Corporation, 135 Willow Rd., Menlo Park, CA 94025 Phone: (415)321-9832 Fax: (415)329-9864
e-mail: info@jls.com Website: jls.com
Contact: Ms. Rikko Field, President
Founded 1977. Member: ATA. Translates Japanese, Chinese, German, French and Spanish, both from and into English, with other languages on request. Emphasis on High Tech translation. Prospective translators should have ATA accreditation, education and industry experience. Resumes are screened and filed, and the promising applicants tested. In addition to High Tech, the company also does Agribusiness, Biomedical and Patent translations, and provides Chinese and Japanese desktop publishing. Maintains a pool of "hundreds" of translators.

JTG, Inc., 105 N. Washington St., Ste. 300, Alexandria, VA 22314
Phone: (703)548-7570 Fax: (703)548-8223
e-mail: hr@jtg-inc.com Website: www.jtg-inc.com
Contact: Muriel Jérôme-O'Keeffe Member: ATA

Japan-America Management, Ltd., 2020 Hogback Rd., Ste. 17, Ann Arbor, MI 48105 Phone: (734)973-6101
Fax: (734)973-1847
e-mail: jamltdmi@ameritech.net
Contact: Landon Bartley Member: ATA

Japan Communication Consultants, 236 E. 47th St., 28th Fl., New York, NY 10017 Phone: (212)759-2033 Fax: (212)759-2149
e-mail: jcc@japancc.com Website: www.japancc.com
Contact: Mariko N. O'Hare Member: ATA

Japan Pacific Publications, Inc., 419 Occidental Ave. S. #509, Seattle, WA 98104 Phone: (206)622-7443 Fax: (206)621-1786
e-mail: andrewt@japanpacific.com Website: www.japanpacific.com
Contact: Andrew Taylor, President
Founded 1983. Member: ATA. Uses freelance translators and interpreters. Accepts unsolicited resumes. Resumes are entered into database and evaluated for skills and experience. Main language is Japanese. Also translates Chinese and Korean. Main areas are agriculture, business, bio-med, tourism, marketing, software and wood products. Maintains pool of 35 translators. Translation, DTP, pre-press, image setting.

John Benjamins Publishing Company, P.O. Box 27519, Philadelphia PA 19118 Phone: (215)836-1200 Fax: (215)836-1204
email: paul@ benjamins.com Contact: Paul Peranteau Member: ATA

Josef Silny & Associates, Inc., 7101 SW 102 Ave. Miami, FL 33173
Phone: (305) 273-1616 Fax: (305) 273-1984
e-mail: translation@jsilny.com Web site: www.jsilny.com
Contact: Marisa di Giovanni Member: ATA

JPMorgan Chase, 575 Washington Blvd., Jersey City, NJ 07310

Phone: (201)595-8000 e-mail: maria.ricci@jpmchase.com
Contact: Maria Ricci Member: ATA

-K-

The Kaiser Permanente Medical Group, 2241 Geary Blvd., Rm. 146, San Francisco, CA 94115 Phone: (415)202-2888 Fax: (415)202-3829
e-mail: gayle.tang@kp.org
Contact: Gayle Tang Member: ATA

Kern Corporation, 230 Park Ave., Ste. 925, New York, NY 10169 Phone: (212)953-2070
Contact: Eric Schloss

Korean Consulting & Translation Service; P.O. Box 154773, Irving, TX 75015 Phone: (972)255-4808 Fax: (214)853-5374
e-mail: sbammel@koreanconsulting.com
Web Page: www.koreanconsulting.c-om
Contact: Steven S. Bammel, President
Member: ATA, founded in 1999. The main language pair that this company translates is Korean & English. They do any type of subject and translate any type of Korean. They do use freelance and they do accept resumes. The resumes are filed once they are received. The requirements for applicants are that they are native English-speaking and translate Korean into English. They specialize in Korean and are always looking for translators that speak English natively for Korean to English translation. They do not need translators for English to Korean. They have many translators in their pool.

Kotru Direct, 1001 Avenue of the Americas, #1214, New York, NY 10018 Phone: (212)840-2300 Fax: (212)840-0004
e-mail: kdiny@aol.com
Contact: Ravi Kotru Member: ATA

Kramer Translation, 893 Massasso St., Merced, CA 95340
Phone: (209)385-0425 Fax: (209)385-3747
e-mail: keith@thailinguist.com Website: www.thailinguist.com
Contact: Keith & Marisa Ensminger Member: ATA

-L-

LRA Interpreters, Inc., 5150 Wilshire Blvd., #506, Los Angeles, CA 90036 Phone: (323)933-1006 Fax: (323)933-1153
e-mail: Ira@Lrausa.com Website: www. Lrausa.com
Contact: Abel Plockier Member: ATA

LangTech International, 5625 SW 170th Ave., Aloha, OR 97007
Phone: (503)646-2478 (to fax, call first)
e-mail: LangTech@oregonvos.net Website: www.oregonvos.com
Contact: Douglas Foran, Owner
Founded 1994. Member: Latin American Trade Council of Oregon. Does not accept resumes. Translates French (European and Canadian), Spanish, Italian and Portuguese (Brazilian and Lusitanian), both from and into English. Emphasis on Scientific/Technical, Mechanical, Electronics, Automotive, Agricultural, Legal, Health Care/Medical and Employee Relations translation. Also interpretation and audio/visual narration.

Langua Translations, Inc., 30150 Telegraph Rd., Ste. 300, Bingham Farms, MI 48025 Phone: (248)645-6663 Fax: (248)645-5376
e-mail: rneely@languatutor.com Web site: www.languatutor.com
Contact: R.P. Neely

The Language Bank, 875 O'Farrell St., Ste. 105, San Francisco, CA 94109 Phone: (415)885-0827 Fax: (415)885-1304
Contact: Yen Nguyen-le, Manager
Founded 1987. Uses freelance translators and interpreters. Accepts unsolicited resumes. Resumes are screened for qualifications. Main languages are Spanish, Chinese, Vietnamese, Russian, Tagalog, Thai, Laotian, Cambodian, and French. Emphasis on social services. Pool of more than 100 translators.

The Language Bank, Inc., 1323 Lancaster Drive, Orlando, FL 32806
Phone: (407)894-3300 Fax: (407)894-7825
e-mail: info@languagae-bank.com Website: www.language-bank.com
Contact:Dennis Ray Merritt

The Language Center, 144 Tices Ln., E. Brunswick, NJ 08816
Phone: (732)613-4554 Fax: (732)238-7659
e-mail: tlc@thelanguagectr.com Website: www.thelanguagectr.com
Contact: Mary Majkowski
Founded 1967. Member:ATA, TCD. Accepts resumes. Translates all languages. Main areas are health care, pharmaceutical, medical equipment and technical manuals.

The Language Center Inc., 7 Gilliam Ln., Riverside, CT 06878-0520 Phone: (203)698-1907 Fax:(203)698-2043
e-mail: thelanguagecenterinc@worldnet.att.net
Contact: Siri Ostensen, President
Founded 1978. Translates (both ways) Spanish, French, German, Portuguese, all Scandinavian languages, Italian, Japanese, Chinese, and Russian. Emphasis on Technical, Commercial and Legal translation. Prospective translators should provide sample translations. Resumes are entered into a data base. Maintains a pool of 30 translators.

Language Company Translations, L.C., P.O. Box 721507, Norman, OK 73070 Phone: (405)321-5380 Fax: (405)366-7242
e-mail: 71564.2044 @compuserve.com
Contact: Nancy T. Hancock, Director
Founded 1982. Member: ATA. Translates all languages in all technical disciplines. Potential translators should have experience and total fluency. They should be able to produce translations on disk if needed. Resumes are acknowledged and filed. Freelancers are contacted when appropriate work comes in. The company can take materials through final printing, working with commercial printers and supervising production. They also accept resumes from freelance interpreters. Maintains a pool of 40 translators.

Language Direct, 9801 Westheimber, Ste. 302, Houston, TX 77042
Phone: (713)917-6870 Fax: (713)917-6806
e-mail: jylan@langdirect.com Website: www.langdirect.com
Contact: Jylan Saleh-Maloy Member: ATA

Language Dynamics, 931 Howe Ave. #107, Sacramento, CA 95825
Phone: (916)920-4062 Fax: (916)920-3594 e-mail: juanvallej@aol.com Contact: Rhody Vallejo
Founded 1979. Translates Spanish, French, Italian, Russian and Chinese and Hmong. All subject areas are translated. Prospective translators should be of high quality. Resumes are read and kept on file for contact on an as-needed basis.

The Language Exchange, Inc., P.O. Box 750, Burlington, WA 98233
Phone: (360)755-9910 Fax: (360)755-9919
e-mail: Langex@langex.com Website: www.langex.com
Contact: Jaye Stover Member: ATA

The Language Group, 2421 Bowland Pkwy, Ste. 104-B, Virginia Beach, VA 23454 Phone: (757)431-9004 Fax: (75)431-0447
e-mail: info@thelanguagegroup.com
Website: www.thelanguagegroup.com
Contact: Evelin Schuyler
Founded 1999. Member: ATA, TCD, NAJIT, ASTM, NCMA, ABWA, NCATA. Accepts resumes via e-mail. Translates mainly

Chinese, Croatian, Czech, French, German, Italian, Japanese, Norwegian, Polish and Spanish. Mostly technical, engineering, finance and marketing. Uses some 150 translators.

Language Innovations, LLC, 1725 I St. NW, Ste. 300, Washington, DC 20006 Phone: (202) 349-4180 Fax: (202) 349-4182
e-mail: Translate@languageinnovations.com
Web site: www.Languageinnovations.com
Contact: Brian S. Friedman Member: ATA

Language Intelligence, Ltd., 16 North Goodman Street, Rochester, NY 14607 Tel. (585) 244-5578 Website: www.languageintelligence.com

Language Learning Enterprises (LLE), 1627 K Street NW, Suite 610,
Washington, DC 20006 Phone: Phone: 888.464.8553 x224 Fax: (202)785-5584 e-mail: hlacy@lle-inc.com Web site: www.lle-inc.com
Contact: Heidi G. Lacy
Founded 1979. Resumes are carefully screened; prospective translators and interpreters are then interviewed over phone, references checked, and then tried out on a small project first. Requires minimum 2 years experience. Translates all languages "from Arabic to Zulu," both from and into English. Emphasis in all technical areas, with a specialty in medical interpretation. The company is the creator of LLE-Link, a 24-hour-a-day, 365 days-a-year telephone interpretation service using conference calling. Maintains a pool of 12 full-time people with 1000 linguists on call. With its rapidly growing client base LLE(tm) has opportunities for highly qualified linguists in each of its business units: instruction, face-to-face interpretation, translation, and telephonic interpretation. If you are interested in working with LLE on a freelance basis, please go to our website at www.lle-inc.com for information on positions and languages we are currently recruiting for. Resumes may be submitted under the Jobs tab/Contract Positions.

Language Line Services, 1 Lower Ragdale Drive, Bldg. 2, Monterey, CA 93940 Phone: (831)648-5819 Fax: (800)752-0073
e-mail: danyune@languageline.com Website: www.languageline.com
Contact: Daynune Geertsen

Language Link Corporation, 3100 Broadway, Ste. 110, Kansas City, MO 64111 Phone: (816)753-3122 Fax: (816)753-3262
e-mail: translation@languagelinkcorp.com
Website: www.languagelinkcorp.com
Contact: Carrie Hewitt
Founded 1989. Member: ATA, ACTFL, MICATA, ASTM. Uses freelance translators and interpreters. Accpts unsolicited resumes. Main languages are Spanish, Russian, Chinese, Vietnamese, Arabic, Croatian, Japanese, Somali, Korean and Farsi.

Language Matters, 1445 Pearl St., Ste. 215, Boulder, CO 80302
Phone: (303)442-3471 Fax: (303)442-5805
e-mail: info@languagematters.com Web site: www.languagematters.com
Contact: Rosangela Fiori
Founded 1992. Member: ATA. TCA. Translates medical, technical, legal documents, patents, marketing material, in all languages. Has a pool of over 800 translators.

The Language Network, Inc., 5151 Belt Line Rd., Ste. 452, Dallas, TX, 75240 Phone: (972)960-9980 Fax: (972)960-9904
e-mail: Language@flash.net
Contact: Christine J. Finck Member: ATA

LanguageOne, 2305 Calvert St. NW, Washington DC 20008
Phone: (202)328-0099 Fax: (202)328-1610
e-mail: translations@languageone.com Web site: www.languageone.com
Contact: Lorraine B. Smith Member: ATA

Language Plus,4110 Rio Bravo, Ste. 202, El Paso TX 79902
Phone: (915)544-8600 Fax: (915) 544-8640

e-mail: langplus@aol.com Website: www.languageplus.com
Contact: Connie Gyenis Member: ATA

The Language Service, Inc., 806 Main St., Poughkeepsie, NY 12603 Phone: (845)473-4303 Fax:(845)473-4467
e-mail: info@tlsmedtrans.com Website: www.tlsmedtrans.com
Contact: Jeanne De Tar
Founded 1950. Member: ATA, FIT. Uses freelance translators and interpreters. Accepts unsolicited resumes. Qualified linguists are filed for future reference. Main languages (both ways) are German, French, Spanish, Italian, and Portuguese, and Japanese into English. Also Dutch and Swedish into English. Main areas are medical, pharmaceutical, chemical and environmental. Does about one million words a year. Works with various translators, but mainly with a steady group of about ten. Owner is co-founder and former president of the ATA.

Language Services Associates, Inc., 607 North Easton, C, PO Box 205,
Willow Grove, PA 19090 Phone: (215)657-6571 Fax: (215)659-7210
e-mail: lschriver@lsaweb.com Web site: www.lsaweb.com
Contact: Laura T. Schriver
Founded 1991. Member: ATA, DVTA, NAJIT, CHICATA, NOTA. Uses freelance translators and interpreters. Accepts unsolicited resumes. Resumes are acknowledged, kept, and used when needed. Applicants should have ATA accreditation. Main languages (both ways) are Spanish, German, French, Chinese, Japanese, Korean, Vietnamese, Russian, Hindi, Italian, and Tamil. Also Cambodian, Arabic, Farsi, Hebrew, Dutch and more. Emphasis on Legal and Medical translation. Maintains a pool of 745 translators. We have 4,000 subcontractors.

Language Services Consultants, Inc., P.O. Box 412, Ardmore, PA 19003 Phone: (610)617-8962 Fax: (610)617-9108
e-mail: ruth.karpeles@verizon.net
Contact: Ruth S. Karpeles
Founded 1992. Member: ATA, DVTA. Accepts resumes. Translates mainly Spanish, Vietnamese, Cambodian, Russian, Chinese, Korean, French, Portuguese, Greek, Dutch and Albanian. Mostly medical, education and social services. Uses some 150 translators.

Language Source; P.O. Box 13114, Wauwatosa, WI 53213
Phone: (414)607-8766 Fax: (414)607-8767
e-mail: langsource@aol.com
Contact: Elizabeth Brudele-Baran

Language Training Centre, Inc.: 5750 Castle Creek Parkway, Suite 387, Indianapolis, IN, 46250: Phone: (317)578-4577 Fax: (317)578-1673; Web Page: www.languagetrainingcenter.com
e-mail: mgeorge@languagetrainingcenter.com
Contact: David Hunt
Member: ATA, TESOL, IFLTA, INTESOL. Founded in 1993. The Language Training Center translates English to Spanish, Spanish to English, English to German, German to English, French to English, English to French, Chinese to English, English to Chinese, Japanese to English and English to Japanese. The main subjects that they translate are handbooks and legal contracts. They specialize in corporate documents. They do use freelance and they also accept resumes. One they receive them, they file them by language and special area. They require that you have experience. They are a full-service language center that teaches, translates and acclimates clients in the languages of the world. A leader in the translation field for over 20 years. They have 40 translators in their pool.

The Languageworks, Inc.,1123 Broadway, Ste. 201, New York, NY 10010 Phone: (212)447-6060 Fax: (212)447-6257
e-mail: talwood@languageworks.com Website: www.anguageworks.com
Contact: Thomas Alwood Member: ATA

Latin American Translators Network, Inc.,1970 Cliff Valley Way NE, Ste.
208, Atlanta, GA 30329
Phone: (404)634-2635 Fax: (404)634-9683
e-mail: latn@latninc.com Web site: www.latninc.com

Contact: Alicia V. Mitchell Chacón Member: ATA

Lazar & Associates, 2444 Wilshire Blvd., Ste. 411, Santa Monica, CA 90403 Phone: (310)453-3302 Fax: (310)453-6002
e-mail: languages@lazar.com Website: www.lazar.com
Contact: Elaine Lazar
Founded 1995. Member: ATA. Accepts resumes occasionally.Ma-in languages are Spanish, French, Chinese, Japanese and German. Mostly medical, pharmaceutical, IT, business, legal and technical equipment manuals. Has a pool of over 3000 translators.

Le Chateau Enterprises Group, Inc., 10051 McGregor Blvd, Ste. 105
Ft. Myers, FL 33919 Phone: (941)574-5600 Fax: (941)574-3273
e-mail: info@letspeak.com Website: www.letspeak.com
Contact: Allendy Doxy Member: ATA

Legal Interpreting Services, Inc., 21-50 44th Drive, Long Island City, NY 11101 Phone: (718)786-7890 Fax: (718)786-8034
e-mail: accutran@aol.com Website: www.accuratetranslation.com
Contact: Alexandra Gerenburg Member: ATA

Leggett & Platt, Inc., PO Box 757, Carthage, MO 64836
Phone: (417)358-8131 Fax: (417)359-5767
Website: www.leggett.com
Contact: Tomasita Hernandez Member: ATA

Lemoine International, Inc., 339 E. 600 N., American Fork, UT 84003
Phone: (801)763-5644 Fax: (801)763-5660 e-mail: brigittem @lemoine-international.com Website: www.lemoine-international.com
Contact: Brigitte L. Morales Member: ATA

Letspeak, Inc., Phone: (239) 274-5700 Fax: (239) 274-9709
e-mail: info@letspeak.com Web site: www.letspeak.com
Contact: Allendy Doxy Member: ATA

Liaison Language Center, 3500 Oak Lawn Ave., Ste. 110 LB 32, Dallas, TX 75219 Phone: (214)528-2731 Fax: (214)522-7167
e-mail: liaison@liaisonlanguage.com Website: www.liaisonlanguage.com
Contact: Gerda Stendell
Founded 1978. Member: ATA. Uses freelance translators and interpreters.. Translated mainly Spanish, Portuguese, German, French, Italian, Korean, Japanese, Chinese (Madarin and Cantonese) and Vietnamese. Mostly legal, oil, insurance. Has a pool of around 100 active translators and interpreters.

Liaison Multilingual Services, 3261 Cherryridge Rd., Englewood, CO 80110 Phone: (303)762-0997 Fax: (303)762-0999
e-mail: liaison@ecentral.com Website:eMultilingual.com
Contact: Suzanne Robinson Member: ATA

Lingo Systems, 15115 SW Sequoia Pkwy, #200, Portland, OR 97224
Phone: (503)419-4856 Fax: (503)419-4876
e-mail: info@lingosys.com Website: www.lingosys.com
Contact: Maja Bailey
Founded 1992. Member: ATA. LISA, SAO. Accepts resumes. Requires 5 years experience and knowledge of CAT tools. Translates mainly French, German, Italian, Spanish, Japanese, Chinese, Korean, Dutch, Scandinavian languages and Eastern European. Also Asian. Mostly IT, computer hardware and software, websites, marketing and training materials. Maintains some 500 translators.

Lingua Communications Translation Services, 9321 Lavergne, Ste. 101, Skokie, IL 60077 Phone:(847)673-1607 Fax:(847)673-1669
Contact: Alex Babich, General Partner
Founded 1989. Member: ATA. Translates Russian and German, both from and into English, and Polish, Ukrainian, Latvian, French and Japanese into English. Emphasis on all subject translations. Prospective translators should possess experience, speed and quality at market-level pricing. Resumes are filed against need; translators are then contacted. **Lingua** maintains a pool of 250 translators.

Lingua Language Center, 1730 Main St., Ste. 226, Weston, FL 33326
Phone: (954)349-8088 Fax: (954)349-1799
e-mail: info@linguaschool.com Website:linguaschool.com
Contact: Andreina Ojeda Member: ATA

Lingualink Incorporated, 5777 W. Century Blvd., Ste. 1000, Los Angeles, CA 90045 Phone: (310)642-2920 Fax: (310)642-2945
e-mail: lingualinkinfo@ccscom.com Website:
www.ccscom.com/ lingualink
Contact: Keir Milan Member: ATA

Linguistic Consulting Enterprises, Inc., 251 W. Marlboro Rd., Oro Valley, AZ 85737 Phone: (520)297-6420 Fax: (520)297-2629
e-mail: LCEAZ1@aol.com
Contact: Maria Elisa Rivera

Linguistic Systems, Inc., P.O. Box 390031, 130 Bishop Allen Drive, Cambridge, MA 02139 Phone:(617)864-3900 Fax:(617)864-5186
e-mail: info@linguist.com Website: www.linguist.com
Contact: Martin Roberts, President
Founded 1967. Member: ATA. Uses freelance translators and interpreters. Applicants should have relevant education and experience. Translates mainly Spanish, French, German, Italian, Portuguese, Chinese, Japanese, Korean, Greek and Swedish. Mostly legal, medical and commercial. The company provides translation, interpretation, voiceover, and machine translation editing services. Maintains a pool of about 4000 translators.

Lionbridge, 301 Mission St., Ste. 350, San Francisco, CA 94105
Phone: (415)546-6885 Fax: (415)495-4926
Website: www.lionbridge.com
Contact: Allison Smith Member: ATA

Littleton & Associates, Inc., 6006 W. 159th St., Bldg. C, Ste. 2 East, Oak Forest, IL 60452 Phone: (708)429-3336
Fax: (708)429-3414
e-mail: lcs62258@aol.com
Contact: James M. Littleton Member: ATA

Lucent Technologies Global Translation, 2400 Reynolda Rd., Winston-Salem, NC 27106 Phone: (336)727-6218
Fax: (336)727-3221
e-mail: mrhodes@lucent.com Website: www.lucent.com/translations
Contact: Marta C. Rhodes Member: ATA

LUZ, 202 Potero Ave., San Francisco, CA 941103
Phone: (415)241-0520 Fax: (415)241-0504 Website: www.luz.com
Contact: Sanford Wright Member: ATA

M² Limited, 9210 Wightman Rd., Montgomery Village, MD 20886
Phone: (301)977-4281 Fax: (301)926-5046
e-mail: info@m2ltd.com Website: www.m2ltd.com
Contact: Audrey Moyer
Founded 1979. Member: ATA, STC, World Trade Center. Accepts unsolicted resumes. Applicants should be native speakers of the target language, with 2-5 years minimum experience. Translates mainly Spanish, French, Italian, German, Porutguese, Chinese, Japanese, Korean, Dutch and Russian. Emphasis on Computer Software, technical documentation, web pages and localization. The company does not provide interpreting services. The company has become a specialist in the localization of computer-based equipment and software, and is heavily involved in software development, training, and adaptation of English-language materials for use in other cultures and languages. In addition to translators, the company is interested in proofreaders and editors in all languages. Maintains a pool of 2,000 translators.

M/C International, 7207 Chagrin Rd., Unit #4, Chagrin Falls, OH 44023 Phone:(440)247-2277 Fax:(440)247-0453
e-mail: mcinternational @stratos.net
Contact: Mrs. E. Marchbank
Founded 1969. Translates Spanish, French, German, Italian, Portuguese, Russian, Accepts resumes. Translates mainly French, German, Dutch, Italian, Portuguese, Spanish, Arabic, Chinese and Japanese. Emphasis on technical, legal and commercial translation. The company is a full-service translation bureau. It also provides 4-color printing services, desktop publishing and typesetting, both to clients and to other translators. In addition, they operate their own travel agency. Maintains a pool of 50 translators.

MGE Lingual Services, 136 36th St. Drive SE, Ste. A-4, Cedar Rapids, IA 52403 Phone: (319)366-1038 Fax: (319)366-1047
e-mail: mike@mge-lingual.com Website: www.mge-lingual.com
Contact: Michael G. Elliff Member: ATA

MTS Multinational Translating Service, 928 Connetquot Ave., Central Islip, NY 11722 Phone: (631)581-8956 Toll Free: (800)864-5069, 70 & 71 Fax: (631)224-9435 e-mail: info@mtsinc.us Web site: www.mtsinc.us
Contact: Lisa Alesci Member: ATA

Madison Linguistic Services, 301 Keezell Hall, MSC 1802, Harrisonbur-g, VA 22807 Phone: (540)568-3512 Fax: (540)568-6904
e-mail: rethorcx@jmu.edu Web site: jmu.edu/forlang/trans
Contact: Christophe Rethore Member: ATA

MAGNUS International Trade Services Corp., 1313 North Grand Ave., #280, Walnut, CA 91789 Phone: (909) 595-8488 Fax: (909)598-5852 Website: www.manuscorp.com
Contact: Nora K. Schwartz
Member: ATA, PCLA, HPRMA, LA-FTA, NOTA. Translates Spanish, Chinese, Vietnamese, Tagalog, Korean, Portuguese, French, German and Russian from English, as well as Hindi, Farsi, Armenian, Hmong, Lao and Arabic. Emphasis on Healthcare, Medical, Pharmaceutical, Engineering, Legal, Technical, and General Business translation. Prospective translators should have certification (if possible), appropriate education and field experience. Resumes are responded to with a standard contract, and contractors called as needed.

Marion J. Rosley Secretarial, Transcription & Translation Services, 41 Topland Rd., Hartsdale, NY 10530 Phone: (914)682-9718 Fax: (914) 761-1384 e-mail: mrosley@rosley.com Website: rosley.com
Contact: Marion J. Rosley, President
Founded 1977. Member: NYCT, World Trade Council of Westchester, Westchester County Assn., Westconn. Translates all languages. Emphasis on Legal, Medical, Technical, and Business Correspondence translation. The company provides interpreting services in all languages. Prospective translators should have excellent skills and reasonable prices. Resumes are filed for future use. Maintains a pool of "hundreds" of translators. The company provides secretarial, transcription and translation services, including cassette transcription of conferences.

MasterWord Services, Inc., 303 Stafford, Ste. 204, Houston, TX 77079 Phone:(713)589-0810 Fax:(713)589-

1104
e-mail: masterword@ masterword.com Website: www.masterword.com
Contact: Mila Green
Founded 1993. Member: ATA, Azeri Translators Association. Translates Russian, Spanish, Azeri, Brazilian Portuguese and Chinese, both from and into English. Emphasis on Oil and Gas, Drilling, Legal and Medical translations. Prospective translators should have significant translation experience, especially in the oil/gas or legal areas, and show quality performance on the company's certification exam. All resumes are acknowledged, and after prescreening, ap-proximately 10% are sent an in-house certification exam, primarily in Russian or Spanish. They are then phoned for an in-person interview. The company also has offices in Baku, Azerbaijan, and is involved in ongoing projects in Europe, South America and Asia.They also have affiliates in Washington, DC, New York, London and Moscow. Maintains a pool of 35-50 translators.

Masua Funai Eifert & Mitchell, Ltd., 1701 Golf Rd., Ste. 800, Rolling Meadows, IL 60008
Contact: Yasuyo Wakuta Member: ATA

McNeil Multilingual, 6564 Loisdale Court, Ste. 800, Springfield, VA 22150 Phone: (703)921-1600 Fax: (703)921-1610
e-mail: rnelson@mcneilmultic.com Website: www.mcneilmultic.com
Contact: George E. Washington, Jr. Member: ATA

ME Sharp, Inc., Publisher, 80 Business Park Drive, Armonk, NY 10504 Phone: (914)273-1800 Fax: (914)273-2106
e-mail: journals@mesharpe.com Website: www.mesharpe.com
Contact: C. P. Chetti Member: ATA

Mena's International Corp., 2548 Nicollet Ave., S., Minneapolis, MN 55404 Phone: (612)872-8392 Fax: (612)872-7861
e-mail: menastrave@aol.com
Contact: Maximo Mena Member: ATA

Mercury Marine, W6250 West Pioneer Rd., Fond du Lac, WI 54936 Phone: (414)929-5299 Fax: (414)231-8916
e-mail: Gary_Fenrich@mercmarine.com
Contact: Gary Fenrich Member: ATA
Metropolitan Interpreters and Translators Worldwide, Inc., 110 E. 42nd St., Ste. 802, New York, NY 10017
Phone: (212)986-5050 Fax: (212)983-5998 e-mail: metlang@aol.com Website: metlang.com
Contact: Joe Citrano
Founded 1990. Member: ATA, NYCT, NAJIT, IAFL. Uses freelance translators and interpreters. Accept unsolicited resumes. Resumes are entered in a database. Translates all languages. Emphasis on legal and law enforcement. About 500 in translator pool.

Merrill Translations; 225 Verick St., New York, NY 10014
Phone: (212)367-5970 Fax: (212)367-5969
e-mail: translations@merrillcorp.com Web Page: www.merrillcorp.com resumes: resumestrans@merrillcorp.com
Contact: Thomas Alwood
Member: ATA, ITI; Founded in 1998. Translates mainly English to Spanish, French, German, Italian, Portuguese, Japanese, Chinese, Korean, Swedish and Russian. They work in 64 different languages. Subjects translated are legal, financial, advertising, medical and technical. They primarily focus on document translation. They also do some interpreting. Merrill Translations does use freeland and they do accept resumes. The resumes are all reviewed and qualified candidates are contacted to continue the registration process. They are mainly interested in applicants with college education and experience in legal and financial work. Merrill Translations is the foreign language services division of Merrill Corporation, a diversified document services company. They have offices in over 50 locations in the US and Europe. Merrill Translations production offices, located in New York and London, offer a full range of foreign language services, focused on the financial, life sciences, advertising, advertising and legal industries as well as general corporate clients. In addition to translation, localization, interpreting and foreign language typesetting services they also coordinate services with Merrill Corporation's other document management solutions, including printing and distribution anywhere in the world. They have more than 2,000 translators in their pool.

Monti Interpreting & Translation Services, Inc., 101 S. Wymore Rd., Ste. 315, Altamonte Springs, FL 32714 Phone: (888)686-6007 Fax: (407)830-1860
e-mail: montitrans@yahoo.c-om Website: www.montitrans.c-om
Contact: Caroline Montalvo
Founded 1997. Member: ATA. Accepts resumes. Translates mainly Spanish, Creole, Vietnamese, French, Chinese, Arabic, Bosnian, Croatian, Cambodian, Portuguese and Turkish. Mostly medical, legal and corporate literature. Maintains a pool of 50 translators and 500 interpreters.

Morales Dimmick Translation Service, Inc., 1409 W S Slope, Emmett, ID 83617 Phone: (208)365-2622
e-mail: projects@mdtranslation.com Website: www.mdtranslation.com
Contact: Chris
Founded 1989. Member: ATA, IMA. Accepts resumes. Main languages are Spanish, Bosnian, Laotian, Vietnamese and Arabic. Mostly business, medical, legal and insurance. Maintains a pool of 65 translators.

Morgan Guaranty Trust Company, 60 Wall St., 34th Fl., New York, NY 10260 Phone: (212)552-5474 Fax: (212)552-8128
e-mail: lisa.gallo@chase.com
Contact: Lisa Gallo Member: ATA

The Multi-Lingual Group, 8 Faneuil Hall Marketplace, 3rd Fl., Boston, MA 02109 Phone: (617)973-5077 Fax: (617)787-3124
e-mail: multilg @aol.com
Contact: Felice Bezri
Founded 1994. Member: NAJIT. Translates Spanish, French, Italian and Portuguese, both from and into English, German, Swedish, Arabic and Cantonese into English, and Japanese and Mandarin from English. Emphasis on Medical Studies, Computer, Legal and Military translation. Prospective translators should be ATA members with extensive experience in written translation and specialization in one or more fields. Resumes are reviewed on a regular basis with a particular eye to the experience of the candidate. The company also provides simultaneous interpreting in over 50 languages and offers cross-cultural consulting. Maintains a pool of approximately 320 translators.

MultiLing International, Inc., 55 N. University Ave., Ste. 225, Provo, UT 84601 Phone:(801)377-2000 Fax:(801)377-7085
e-mail: translation@ultiling.com Website: www.multiling.com
Contact: Michael V. Sneddon
Founded 1988. Member: ATA, STC, Utah Information Technology Assn., Software Publishers Assn. Translates Spanish, French, Dutch, German, Italian, Japanese, Chinese, Swedish, Danish, Russian and all other languages, both from and into English. Emphasis on High-Tech Product Localization and the translation of related documents. Prospective translators must be native speakers of the target language with an undergraduate and, preferably, a master's degree, with an area of special expertise. They should have a good software and desktop publishing background and several years of experience and accreditation. The company works in all areas of translation, including working with translation software and aiding in its further development. Maintains a pool of1400 translators.

Multilingual Communications Corporation, P.O. Box 7164 Pittsburgh, PA 15213 Phone:(412)621-7450 Fax:(412)621-0522
e-mail: mktg @mccworld.com Website: www.mccworld.com
Contact: Cathy Rosenthal
Founded 1977. Member: ATA. Translates Spanish, French, German, Chinese, Japanese, Russian, Italian, Korean, Portuguese, Arabic and Korean, both from and into English. Emphasis on Technical, Legal and Medical Software translation. Prospective translators should possess native proficiency and background in a specialized field. Resumes are evaluated on receipt, then contacted and tested. Their services include software localization. Maintains a pool of 500 translators.

Multilingual Solutions, 22 W. Jefferson St., Ste. 402, Rockville, MD 20850 Phone: (301)424-7444 Fax: (301)424-7331
e-mail: laurie@msolutions.com Website: www.mlsolutions.com
Contact: laurie Campos Sandler Member: ATA

Multilingual Translations, Inc., 1510 Front St., Ste. 200, San Diego, CA 92101 Phone: (619)295-2682 Fax: (619)295-2984
e-mail: mcardenas@multitrans.com Website: www.multitrans.com
Contact: Michael Ramírez Cardénas, J.D. Member: ATA

Multilingual Word, 2631 Salem Ave. S, Minneapolis, MN 55416
Phone: (952)929-4203 Fax: (952)922-4344 e-mail: mlivon@aol.com
Contact: Michelle Livon Member: ATA

-N-

NCS Enterprises, Inc., 1222 Hope Hollow Rd., Carnegie, PA 15106 Phone: (412)278-4590 Fax: (412)278-4595
e-mail: cnagy@ncs-pubs.com Web site: www.ncs-pubs.com
Contact: Charlene Nagy
Founded 1992. Member: ATA. Uses freelance translators and interpreters. Accepts unsolicited resumes. All resume are reviewed and entered into database.

NiS International Services, 1913 Dundin Drive, Old Hickory, TN 37138 Phone:(615)758-6459 Fax:(615)758-6459
e-mail: Nisintl@aol.com Website: www.nisintl.com
Contact: Bill Hollaway
Founded 1987. Member: ATA. Translates Japanese, Korean, Chinese, Spanish, German, French, Italian, and Russian, both from and into English. Emphasis on Automotive, Electrical Engineering, Mechanical Engineering, Patent, Contract and Agreement, and other technical document translation. Prospective translators should send a sample of previous work. A specialized technical background is a plus. Resumes are saved in a database, and the translator contacted when a job is available. The company provides translation, interpretation, and teaching services. Maintains a pool of 600-700 translators.

N.O.W. Translations, 23054 Covello St., West Hills, CA 91307
Phone: (818)716-9112 Fax: (818)888-6962
e-mail: thomasc@nowtranslations.com
Website: www.nowtranslations.com
Contact: Thomas Clement Member: ATA

Narragansett Translations & Interpreting, Inc., 32 East Ave., Pawtucket, RI 02860 Phone: (401)722-1222 e-mail: morra_red@ids.net
Contact: Mike D. Chea Member: ATA

Nelles Translations, 104 South Michigan Ave., Room 1004, Chicago, IL 60603 Phone: (312)236-2788 Fax: (312)236-0717
Contact: Lawrence R. Kramer, Product Manager
Founded 1956. Member: ATA, Chicagoland Chamber of Commerce, Chicago Convention & Tourism Bureau. Translates Spanish, French, German, Italian, Portuguese, Polish, Russian, Japanese, Chinese, Korean and numerous other languages, both from and into English. Emphasis on Patent, Print Advertising, Legal, Brochures and Manuals, and Personal Document translation. Prospective translators should be experienced with references. They may be tested at the discretion of the company. Resumes are acknowledged and promising applicants are contacted. The company provides interpreting and voiceover services in addition to translation.

NetworkOmni Multilingual Communications, 1329 E. Thousand Oaks Blvd., 2nd Fl., Thousand Oaks, CA 91362
Phone: (805)379-1090
Fax: (805)379-2467 e-mail: omni@networkomni.com
Website: www.networkomni.com Contact: Irena Stone
Founded 1978. Member: ATA. Translates French, Italian, German, Spanish, Chinese, Korean and Japanese, both from and into English. Handles a variety of subjects. Excellence is the primary requirement for prospective translators. Resumes are followed up with a call and a registration skills packet. The company has five separate divisions: Interpretations, Translations, Teleinterpretations, Transcriptions and Videointerpretations and all are supported by Omni's Quality Control staff. Maintains a pool of 800 translators.

New England Translations, 59 Temple Place, Ste. 204, Boston, MA 02111 Phone: (617)426-4868 Fax: (617)695-

9349
e-mail: netranslations@langcenters.com
Website: newenglandtranslations.com
Contact: Ken Krall, Director
Founded 1986. Member: ATA. Uses freelance translators and interpreters. Accepts unsolicited resumes. Resumes are entered into databse by language and specialty. Requires experience. Translates Spanish, Portuguese, French, German, Italian, Chinese, Vietnamese, Korean and Japanese from English, and Spanish into English. Emphasis on Finance, Legal, Marketing, Industrial and Medical translation, with specialties in Financial and Medical. Prospective translators should have PC or Mac, fax, modem. A small sample translation should be sent with the resume. Resumes are entered into a database by language pair and technical specialty after qualifications are reviewed. The company is dedicated to the translation of all major languages. It also provides instruction in Spanish only. Maintains a pool of 800 translators.

Newtype, Inc., 1259 Route 46 E, Bldg. 1, 2nd Fl., Parsippany, NJ 07054
Phone: (973)263-5000 Fax: (973)263-5522
e-mail: tbias@newtypeinc.com Website: www.newtypeinc.com
Contact: Thomas Bias Member: ATA

Northwest Translations, 2636 E. Greentree Ct., Eagle, ID 83616
Phone: (208)938-5005 Fax: (509)351-7529
e-mail: sales@nwtranslations.com Website: www.nwtranslations.com
Contact: Jeff Scott Allen Member: ATA

NovaTrans Enterprises, Inc., P.O. Box 3903, Boca Raton, FL 33427
Phone: (561)368-0865 Fax: (954)255-5161
e-mail: mail@novatrans.net
Contact: Janet T. Aliaga Member: ATA

-O-

Okada & Sellin Translations, LLC 1950 Addison St., Ste. 101, Berkeley CA 94704 Phone: (510)843-5600 Fax: (510)843-5603
e-mail: okada@ostrans.com Website: www.ostrans.com
Contact: Robert G. Sellin
Founded 1996. Member: ATA, STC. Uses freelance translators and interpreters. Accepts unsolicited resumes. Resumes are reviewed and graded. Work sample are welcome. Requires e-mail. Translates all major Asian and European languages. Focuses on patents and other technical, scientific, pharma/biotech, and legal subjects.

Omega Translation Service, 331-A North Brand Blvd., Glendale, CA 91203 Phone: (818)545-3626 Fax: (818)545-0364
e-mail: omega2@earthlink.net
Contact: Jill Massehian
Founded 1985. Translates Spanish, French, German, Japanese, Italian and Chinese, both from and into English. Emphasis on Scientific, Businese and Computer translation. Prospective translators should have good references. Resumes are filed by specialty and language. The company needs qualified translators and interpreters with various specialty fields. Maintains a pool of 1000 translators.

OmniLingua, Inc., 306 6th Ave. SE, Cedar Rapids, IA 52401 Phone: (319)365-8565 Fax:(319)365-7893 e-mail: omnilingua @omnilingua .com Website: www.omnilingua.com
Contact: Elizabeth Miller
Founded 1980. Member: ATA, MACHETE, NCATA. Accepts resumes. Translates mainly French, Italian, German, Spanish, Portuguese, Chinese, japanese, Korean, Greek and Russian. Mostly automotive, heavy equipment, medical products, IT, consumer durables and marketing. Prospective translators should complete a written application form and a short translation test. Experience and educational requirements vary; great emphasis is placed on test results. The company also provides desktop publishing services. Maintains a pool of 300 translators, editors, proofreaders, narrators, and word-counters, all freelance.

OneWorld Language Solutions, 2909 Cole Ave., Ste. 300, Dallas, TX 75204 Phone: (214)871-2909 Fax: (214)871-2907

e-mail: flctans@connect.net Website: www.oneworldlanguage.com
Contact: Gabriele Hayes, Director
Founded 1990. Member: ATA, META. Uses freelance translators and interpreters. Accepts unsolicited resumes. Requires experience, prefers ATA members. Resumes are entered in database and applicants are contacted when the need arises. Translates (both ways) mainly Spanish, French, German, Italian, and Russian. Also Japanese, Dutch, and Chinese. Provides interpretation and language training. Maintains a pool of over 400 translators.

Openworld, 2673 NE University Village, Ste. 1, Seattle, WA 98105
Phone: (206)523-1100 Fax: (206)522-3345
e-mail: orders@openworldtranslations.com
Website: www.penworldtranslations.com
Contact: Helen Tereshina Member: ATA

Origin - The Language Agency, P.O. Box 1648, Makawao, HI 96768
Phone: (808)573-1453 Fax: (808)573-6446
e-mail: info@origin.to Website: www.origin.to
Contact: Chelsea Hill
Founded 1998. Member: ATA, Aquarius, Proz.com. Accepts resumes via website. Translates mainly Chinese, Korean, Indian Languages, Spanish, French, Russian, German, Japanese, Ukrainian and Romanian. Mostly medical, computer-related, business, marketing, telecommunications, tourism, pharmaceuticals and automotive. Has a pool of 600 translators.

OSTrans, LLC 1950 Addison St., Ste. 101, Berkeley CA 94704
Phone: (800)803-9896 Fax: (510)843-5603
e-mail: okada@ostrans.com Web site: www.ostrans.com
Contact: Robert G. Sellin
Founded 1996. Member: ATA, STC. Uses freelance translators and interpreters. Accepts unsolicited resumes. Resumes are reviewed and graded. Work sample are welcome. Requires e-mail. Translates all major Asian and European languages. Focuses on patents and other technical, scientific, pharma/biotech, and legal subjects.

O'Sullivan Menu Corporation, 110 Triangle Blvd., Carlstadt, NJ 07072
Phone: (201)507-1449 Fax: (201)507-4920
Contact: Adriana Marton Member: ATA

-P-

PSC, Inc., 12330 Pinecrest Rd., Reston, VA 20191
Phone:(703)716-5000 Fax:(703)716-5005
e-mail: translat@pscusa.com
Contact: Fred Lothrop
Founded 1988. Member: ATA. Translates Spanish (all dialects) to and from English, and Arabic, Chinese (all dialects), Farsi, Haitian Creole, Russian, Serbo/Croatian, Japanese, and Central and West African languages into English. Emphasis on technical (computer, communications, radar), legal, and business translation. Specialty in transcription and translation for law enforcement agencies. Translators must have a specialized area and security clearance before being matched with an appropriate job. Unsolicited resumes for freelance work are processed through internal channels of selection. PSC, Inc. is a privately-owned firm with a major business area, also providing foreign language services for the private and public sectors. Maintains a pool of 1500 linguists.

Pacific Dreams, Inc., 525 Glen Creek Rd., #230 NW, Salem, OR 97304
Phone: (503)588-7368 Fax: (503)588-7549
e-mail: pacific.dreams@viser.net Web site: www.pacificdreams.org
Contact: Ken Sakai Member: ATA

Pacific Interpreters, Inc., 520 SW Yamhill, #320, Portland, OR 97204
Phone: (800)311-1232 Fax: (800)881-2565
e-mail: recruitment@pacificinterpreters.com

Website: www.pacificinterpreters.com
Contact: Joana Laitinen
Founded 1992. Member: ATA, SOMI, NOTIS, NAJIT, ASTM. Accepts resumes. Translates mainly Spanish, Vietnamese, Chinese, Cambodian, Hmong, Laotian, Arabic and Farsi. Mostly health care. Maintains pool of about 100 translators.

Pacific Ring Services, Inc., 1143 Christina Mill Drive, Newark, DE 19711
Phone: (302)269-1518 Fax: (302)269-1618
e-mail: pacific@dca.net Web site: www.pacificring.com
Contact: Motoko Yuasa, Registered US Patent Agent
Member: ATA. Pacific Ring House, Inc is a patent house.

Pangea Lingua, 3620 N. Washington Blvd., Indianapolis, IN 46250
Phone: (317)920-1600 Fax: (317)920-1601
e-mail: staff@pangealingua.com Website: www.pangealingua.com
Contact: Alessandra Matas
Founded 1994. Member: ATA. Accepts resumes. Translates mainly Spanish, Japanese, German, Chinese, French, Dutch, Portuguese and Russian. Mostly medical, pharmaceutical, promotional, legal and automotive. Maintains pool of over 1000 translators.

Paragon Language Services, 5657 Wilshire Blvd., Ste. 310, Los Angeles, CA 90036 Phone: (323)966-4655 Fax: (323)651-1867
e-mail: info@paragonls.com
Web site: www.paragonls.com
Contact: Hanne R. Mintz Member: ATA, ALC

Peritus Precision Translations, Inc., 727 Industrial Rd., #710, San Carlos, CA 94070 Phone: (650)631-6667 Fax: (650)631-6664
e-mail: info@peritustranslations.com Website: www.peritustranslations.com
Contact: Dagmar Dolatshko Member: ATA

Phoenix Translations, 2110 A White Horse Trail, Austin, TX 78757
Phone (512) 343-8389 Toll-free (877)452-1348 Fax (512) 343-6721
email: phoenixtranslations@ev1.net www.phoenixtranslations.com
Contact: Jennifer Ruggio

Precision Translating Services, 150 W. Flagler St., Penthouse II, Miami, FL 33130 Phone: (305)373-7874 Fax: (305)381-7874
e-mail: vince@pretran.com Website: www.pretran.com
Contact: Vicente J. de la Vega Member: ATA

Premier Translation Services, Ltd., 62 Stonicker Drive, Lawrenceville, NJ 08648 Phone: (609) 538-9333 Fax:(609)530-0079
e-mail: rzarelli@premiertranslationsusa.com
Web site: www.premiertranslationsusa.com
Contact: Renée Zarelli, Esq., President
Founded 1994. Member: ATA. Accepts resumes. The language pairs we translate are French into English, Italian into English, and Spanish into English. Only translate legal and business documents.. Prospective translators should be ATA members, accredited if applicable. Three+ years full-time experience, college education or higher. Equipment should include WP or Word and modem. Resumes are reviewed on a monthly basis. The company specializes in using lawyers and individuals with a strong legal background, in both U.S. and other legal systems, for translation and editing. Freelance translators do not have to be members of ATA, or accredited by ATA, for consideration. Three or more years' full-time translating experience is desirable. Maintains a pool of 50 translators.

Princeton Technical Translation Center, 333 Bolton Rd., East Windsor, NJ 08520 Phone: (609)443-6770 Fax: (609)443-6778
Contact: Charles Teubner, Director
Founded 1982. Member: ATA, STC. Translates French, German, Spanish, Italian, Portuguese, Chinese, Japanese, Russian and Scandinavian languages, both from and into English. Prospective translators should have advanced technical degrees and be

proficient in Word/WordPerfect and related software.

Professional Translating Services Inc., 44 West Flagler St., Ste. 540, Miami, FL 33130 Phone: (305)371-7887 Fax: (305)381-9824
e-mail: translate@protranslating.com Website: www.protranslating.com
Contact: Luis A. de la Vega
Founded 1973. Member: ATA. Accepts resumes. Translates mainly Spanish, Portuguese, French, Italian, German, Japanese, Russian, Chinese, Arabic and Hebrew. Translations are in legal, technical, financial and advertising. Has a pool of over 350 translators.

ProZ.com, 1448 Madison St., Apt. 410, Oakland, CA 94612
Phone: (510)682-3231 e-mail: henry@proz.com Website: www.proz.com Contact: Henry J. Dotterer Member: ATA

-Q-

Quality Interpreting, 367 University Ave., Ste. 4, Saint Paul, MN 55103 Phone: (651)244-0066 Fax: (651)312-0270
Contact: Paul Yang Member: ATA

Quantum, Inc., 240 S. 9th St., Philadelphia, PA 19107
Phone: (215)627-2251 Fax: (215)627-5570
e-mail: www.quantumtrans@msn.com
Contact: Quan Pham Member: ATA

Quintana Multi-Lingual Services, Inc., 3050 W. Cermak Rd., Chicago, IL 60623 Phone: (773)277-0000 Fax: (773)277-1804
e-mail: quintana@compuserve.com
Contact: Gloria K. Quintana

-R-

RIC International, Inc., 955 Massachusetts Ave., PMB 342, Cambridge, MA 02139 Phone: (617)666-4555 Fax: (617)666-8896
e-mail: r-i-c.com Website: www.r-i-c.com Member: ATA

R.R. Donnelley Financial Translation Services, 75 Park Place, New York, NY 10007 Phone: (212)341-7416 Fax: (212)341-7532
e-mail: FBUTRansServ@rrd.com
Contact: Aouck F. Le Fur
Member: ATA

Ralph McElroy Translation Company, PO Box 4828, Austin, TX 78765 Phone: (512)472-6753 Fax: (512)472-4591
e-mail: tc@mcelroytranslation.com
Website: www.mcelroytranslation.com
Contact: Patricia Bown
Founded 1968. Member: ATA, STC. Accepts resumes. Translates mainly German, Japanese, French, Spanish, Italian, Portuguese, Russian, Chinese, Dutch and Korean. Mostly engineering, technical, medical, legal, pharmaceutical, chemical, patents, localization and high tech. Several hundred active translators.

Rancho Park Publishing, 2203 Balsam Ave., Los Angeles, CA 90064
Phone:(310)470-7488 Fax:(310)470-7930
e-mail: sales@ranchopark.com Website: www.ranchopark.com
Contact: Stan Cheren
Founded 1988. Translates Spanish, French, German, Portuguese and German. Mostly sales and marketing, books and brochures.

Prospective translators should have 10+ years experience and full computer /online capabilities. Resumes are filed for future projects. The company also has desktop publishing capabilities. Maintains a pool of over 700 translators.

Rapport International, 3 Stonegate Lane, #3 Middleboro, MA 02346 Phone: (508)946-3443 Fax: (508)946-3533
e-mail: rapport@rapportintl.com Website: www.rapportintl.com
Contact: Lisa Gavigan Member: ATA

Rennert Bilingual Translations, 216 East 45th St., 17th Fl. New York, NY 10025 Phone:(212)867-8700 Fax:(212)867-7666
e-mail: translations@rennert.com Website: www.rennert.com
Contact: Mikael Poulsen, Director
Founded 1973. Member: ATA, New York Circle of Translators. Translates all languages. Emphasis on all aspects of Patent Law, Marketing, Public Relations, Business and Finance, Videos and Educational Material translation, and website localization. Prospective translators should possess training and experience in the specific fields. Resumes are reviewed for education and experience, and a Rennert application is sent to the translator for completion. Maintains a pool of 3000 translators.

Rescribe, P.O. Box 503981, San Diego, CA 92150
Phone: (858)487-5292 Fax: (858)487-5292
e-mail: erin@rescribe.com Website: www.rescribe.com
Contact: Erin Berzins
Founded 2001. Member: ATA. Accepts resumes. Translates mainly Spanish, French, Chinese, Vietnamese, Japanese, Italian, German, Korean and Russian. Mostly legal, insurance, medical, finance and insurance. Has a pool of several thousand translators.

Richard Schneider Enterprises, Inc., 27875 Berwick Drive, Suite A, Carmel, California 93923
Telephone: (800)500-5808 x25 Fax: (831)622-0524
e-mail: san-dra@idioms.com Website: www.idioms.com
Contact: Richard A. Schneider Member: ATA

Rosetta, 2261 Market St. #318, San Francisco, CA 94114
Phone: (415) 550-9151 Fax: (415)550-9162 e-mail: oshea@sirius.com
Contact: Christina O'Shea, Director
Founded 1995. Member: ATA. Translates Japanese, Chinese, French, German and Korean, both from and into English, and Italian, Spanish, Thai, Swedish, Norwegian, Polish, Danish, Dutch, Portuguese and Russian into English. Emphasis on Computer (hardware and software), Semiconductors, Chemical, Medical, Pharmaceutical, Automotive, Patent, Business, and Marketing translation. Prospective translators should have at least five years experience as translators, plus five years experience in a technical field or in business, and a degree in their area of specialization. Resumes are entered into a data base and sent a test if they fulfill company requirements. The company hires translators with technical specialties as opposed to "generalists" and has every document reviewed for accuracy by a technical editor. Maintains an "active" pool of 50 translators.

Rosetta Stone Associates, Inc., 34 Franklin St., Ste. 200A, Nashua, NH 03063 Phone: (603)883-9388 Fax: (603)595-8673
e-mail: translate@rosettastoneinc.net Website: www.rosettastoneinc.net
Contact: Jana Coughlin
Founded 1972. Member: ATA, STC. Accepts resumes. Translates mainly French, Italian, German, Spanish, Russian, Chinese, Japanese, Arabic, Portuguese and Greek. Mostly industrial, medical, legal, scientific, marketing, computers, software and localization. Uses pool of over 2000 translators.

Russian and Slavic Language Services, 271 Madison Ave., 3rd Fl., New York, NY 10016 Phone: (212)481-4980
Fax: (212)683-4801
e-mail: karina@russiantranslation.com
Website: www.russiantranslation.com
Contact: Karina Gukasyan Member: ATA

RussTech, 1338 Vickers Rd., Tallahassee, FL 32303

Phone: (850)562-9811 Fax: (850)562-9815
e-mail: Contact: Cynthia Seaborn Member: ATA

-S-

S.B.F. TRANSLATIONS INC., 5601 Collins Ave #1021, Miami Beach, Florida 33140 Phone: (305) 866-6079
Fax: (305) 866-6162
e-mail: SBFTRANS@AOL.COM
Contact: Silvia B. Fernandez
Founded 1994. Member: ATA. Accepts resumes. Translates Spanish, Portuguese and Creole. Mostly legal, medical, immigration and Christian books. Has three translators.

SH3, Inc., 5338 East 115th St., Kansas City, MO 64137
Phone: (816)767-1117 Fax:(816)767-1727
e-mail: chubbard@sh3.com Website: www.sh3.c-om
Contact: Cathy Hubbard, General Manager
Founded 1980. Member: ATA, STC. Translates mainly French, German, Spanish, Italian, Dutch, Portuguese, Swedish, Chinese and Japanese. Emphasis on Agricultural and Industrial Equipment, and Consumer Equipment translation. Prospective translators should have Windows-based computer, modem and fax; they should have experience in the agriculture, industrial and mechanical areas. Translator's Workbench is a definite plus. Resumes are reviewed by subject specialty, experience, and language, and flagged for a future contact. Does around 20 million words a year. The company deals in high volume, highly technical manuals. Maintains an active pool of 70 translators.

Sajan, Inc; 215 N 2nd St, River Falls, WI 54022 Phone: (715)426-9505 Fax: (715)426-0105 e-mail: info@sajan.com Web Page: www.sajan.com; Contact: Angel Zimmerman, Director of Operations
Member: ATA; Founded in 1997. They translate English in to European Spanish, Latin American, European Portuguese, European French, Canadian French, German, Italian, Norwegian and Swedish. They also Translate English into all Western European Languages, all Eastern European Languages and all Asian Languages. Main subjects are medical, medical devices, engineering, technical, dentistry, and general. They specialize in translation services and editing/proofing. Accepts freelance resumes. They require 5 or more years translating experience and translating in particular fields. Also ATA accreditation or equivalent in target language country. Their annual work_load is about 2,500,00 words per year. They have 300-400 translators in their pool.

SARJAM Communications, Ltd., 4370 NE Hulsey St., Ste. 122, Portland, OR 97213 Phone:(503)287-9277 Fax:(503)287-9277 e-mail: 70314. 1226@compuserve.c-om
Contact: Seth A. Reames
Founded 1987.Member: ATA. Translates Japanese, Korean, Chinese, Spanish, German, French, Italian and Russian, both from and into English. Translates all subjects. Prospective translators should have 5+ years experience, a computer (MAC or PC), fax and modem. Resumes are examined and filed by language. The company also offers desktop publishing and graphic design. Their in-house computers are Macintosh. Maintains a pool of 40-50 translators.

Schreiber Translations, Inc., 51 Monroe St., Ste. 101, Rockville, MD 20850 Phone:(301)424-7737 Fax:(301)424-2336
e-mail: translation@schreibernet.com Website: www.schreibernet.com Contact: Karen Ffinch, Director, Translation Services
Founded 1984. Member: ATA. Uses freelance translators and interpreters. Accepts unsolicited resumes only on website. Translates (both ways) mainly Japanese, Russian, German, French, Spanish, Chinese, Italian, Arabic, Korean, Vietnamese, Hebrew, Polish, and Dutch, and close to 90 additional languages and dialects. Emphasis on patents, aerospace, law, medicine, communications, computers, engineering, public relations, military and maritime subjects, chemical subjects, and business and finance. Maintains a pool of over 1300 translators - 350 active, and 200 of those very active. In addition to translation and interpretation, the company produces multilingual brochures and advertisements, prints manuals and business literature in a variety of multinational fonts, and does voiceovers for video and films. Maintains a pool of over 1300 translators—350 active, and 200 of those very active.

SinoMetrics International, Inc., 3503 188th St. SW, Lynnwood, WA 98115 Phone: (425)776-5648 Fax: (425)776-6648
email: info@sinomet.com Website: www.sinomet.com

Member: ATA

Speak Easy Languages, 757 South Main St., Plymouth, MI 48170 Phone:(734)459-5556 Fax:(734)459-1460
e-mail: selanguages@earthlink. net
Contact: Cristina Clark
Founded 1980. Member: ATA. Translates all major language pairs. Emphasis on Automotive business, Brochure, Advertising and Legal translation. Prospective translators should be ATA accredited and possess fax and modem capabilities. Resumes are filed and the applicant called upon as the circumstance arises. The company also provides talent for voiceover work. Maintains a pool of 100.

State Farm Insurance, One State Farm Plaza, SC-2, Bloomington, IL 61710 Phone: (309)766-3760
Contact: Joan Epperson Member: ATA

Superior Translations, 1924 Minnesota Ave., Duluth, MN 55802
Phone: (218) 727-2572 Fax: (218)727-2572
e-mail: towardinc@aol.com Web site: www.isuperiortranslations.com
Contact: Elisa A. Troiani
Founded 1993. Member: ATA. Uses freelance translators and interpreters. Accept unsolicited resumes. Resumes for translation and interpretation should be mailed. Applicants are carefully screened and required to submit samples, references, and tests. Requirements are honesty, accuracy, editing/proofing skills, reasonable rates, punctuality, and an eye for detail. Translates mainly Spanish, French, German, Japanese, Chinese, Russian, Portuguese, Italian, Polish and Hmong. Emphasis on all subject areas. Has 250_300 translators in its pool.

Suzuki, Myers & Associates, Ltd., P.O. Box 852, Novi, MI 48376 Phone:(248)344-0909 Fax:(248)344-0092
e-mail: language@suzukimyers.com Website: www.suzukimyers.com
Contact: Kumiko Oh
Founded 1984. Member: ATA, MITN, Japan-America Society. Translates Japanese and Korean only, both from and into English. Emphasis on Manufacturing-related translation (Autos, Engineering, Quality Design, Robotics, Plastics, Assembly, Electronics, Paint, Contracts, Product Liability).Prospective translators should be competent and diligent. Resumes are responded to with a phone call. The company provides translation, interpretation, and consultation services in North American-Japanese relations. They also provide DTP services. Maintains a pool of about 40 translators.

-T-

Techno-Graphics and Translations, Inc., 1451 East 168th St., South Holland, IL 60473 Phone: (708)331-3333 Fax: (708)331-0003
e-mail: techno@wetrans4u.com Website: www.wetrans4u.com
Contact: Pinay Gaffney
Founded 1972. Member: ATA. Uses freelance translators and interpreters. Accepts unsolicited resumes. Resumes are entered in database. Requires native ability and technical background. Translates (both ways) mainly European, Asian, and Middle Eastern languages. Main areas are telecommunications, agriculture, industry, automotive, and medical. Worldwide pool of 200 translators.

TechTrans International, Inc., 2200 Space Park Drive, Ste. 410, Houston, TX 77058 Phone: (281)335-8000 Fax: (281)333-3503
e-mail: techtrans@tti-corp.com Website: www.tti-corp.com
Contact: Beth Williams Member: ATA

Techworld language Services, Inc., 1250 W. 14 Mile Rd., Ste. 102, Clawson, MI 48017 Phone: (248)288-5900
Fax: (248)288-7900
e-mail: info@techworldinc.com Website: www.techworldinc.com
Contact: Fred Meinberg Member: ATA

Telelingua International; 46 Sayre Drive, Princeton, NJ 08540
Phone: (609)951-9511 Fax: (609)951-0550
e-mail: lmellet@telelingua.c-om Web Site: www.telelingua.c-om

Contact: hbaraona@telelingua.com
Member: LISA, GALA; Telelingua International was founded in 1985. Jean-Didier Boucau is the CEO of the company. They translate English to FIGS, Japanese, Korean, Chinese, Dutch, French and Spanish. The main subjects that they translate are ERP software, medical/pharma, banking and manufacturing. They do not use freelance translators. They do accept resumes. The resumes are human resources processed. You must be certified. Telelingua is headquartered in Brussels, Belgium and has sales and manufacturing operations in Paris, France and Princeton, NJ. It also has strategic alliances in Latin America and Asia, thus providing it's customers with a global solution to its GILT requirements. Telelingua is also recognized for its leadership in developing cutting edge translation technologies. T-Remote Memory, its best-selling application, is a web-services based Translation Memory technology allowing multiple remote translators to work on the same job at the same time using the same TMs. They have approx. 1,500 translators in their pool.

TermSeek Inc./Lingotek; 1257 W. 75 N., Centerville, Utah 84014
Phone: (801)294-7700 Fax: (801)294-7711
e-mail: hr@termseekinc.com Web Page: www.termseekinc.c-om
Contact: Charles
Member: ATA; TermSeek Inc./Lingot-ek was founded in January of 2001. They translate English to Spanish, Chinese, Japanese, German, French, Italian, Bosnian, Russian, Arabic and Punjabi. They also did work in over 50 language pairs.The main subjects are medical, legal, engineering, manuals, manufacturing, marketing and genomics. They use freelancers. They also accept resumes. Applicants need to list native language and their rates. They typically employ 4 independent translators on every job. They also develop software to assist their translators in doing the work at a higher level of quality and speed. They currently have about 3,000 translators in their pool.

TerraSpan, Inc., 12647 Alcosta Blvd., Ste. 150, San Ramon, CA 94583
Phone: (925)866-3030 Fax: (925)866-3036
e-mail: galiloupour@terraspan.com Website: www.erraspan.com
Contact: Gloria Aliloupour Member: ATA

TEXTnology CORPoration, 20 Trafalgar Square, Ste. 456, Nashua, NH 03063 Phone:(603)883-8398 Fax:(603)883-8998
e-mail: nadeau@textcorp.com Website: www.textcorp.com
Contact: Ronald Nadeau Member: ATA

Thomson Scientific, 3501 Market Street, Philadelphia, PA 19104
e_mail: ellen.boyar@thomson.com Web site: www.thomsonisi.com
Contact: Ellen A. Boyar

3 Way Talk, 2255 Skyfarm Drive, Hillsborough, CA 94010
Website: www.3waytalk.com
Contact: Dr. B. Goldstein Member: ATA

3DWord, Inc., 4325 Athens High Way, Ste. 4-13, Loganville, GA 30052
Phone: (770)613-0879 Fax: (770)849-9627
e-mail: julieMacgregr@3word.com Website: www.3word.com
Contact: Julie MacGregor Member: ATA

TLS - Translation Service, 69 Broad St., Red Bank, NJ 07701
Phone: (732)530-4542 Fax: (732)849-6755
e-mail: trans90@aol.com
Contact: Ingeborg Perndorfer
Founded 1982. Member: ATA. Uses freelancers and accepts unsolicited resumes. Resumes are checked and filed until needed. Applicants must show experience. Translates all languages and all subjects. Maintains a pool of 30-50 translators.

Total Benefit Communications, Inc., 5775-B Glenridge Drive, Ste. 120, Atlanta, GA 30328 Phone: (404)256-5042
Fax: (404)256-5101
Contact: Anne McKillips Member: ATA

Total System Services, Inc., 1600 First Ave., TSYS Corporate Campus, 1st Fl., #1318, Columbus, GA 31901 Phone: (706)649-5450 Fax: (706)649-8148 Contactl: Evan Latham.

Toward, 1924 Minnesota Ave., Duluth, MN 55802
Phone: (218)727-2572 Fax: (218)727-2572
e-mail: towardinc@aol.com Web site: www.superiortranslations.com
Contact: Dr. Elisa A. Troiani Member: ATA

TRADOS Corporation, 113 S. Columbus St., Ste. 400, Alexandria, VA 22314 Phone: (703)683-6900 Fax: (703)683-9457
e-mail: edith@trados.com Website: www.trados.com
Contact: Edith Westfall Member: ATA

Traducciones LinguaCorp, Poba International, #1-20072, P.O. Box 02-5255, Miami, FL 33102 Phone: 58(2)7625745
Fax: 58(2)7625745
e-mail: linguacorp@compuserve.com
Contact: Francisco J. Pance Member: ATA

Trans Global Translation & Immigration Services, 175 Fontainbleau Blvd., Ste. 2G 8, Miami, FL 33172
Phone: (305)552-9793 Fax: (305)223-4080
e-mail: trnsglobal@aol.com Member: ATA

TransACT Inc., 8423 Mukilteo Speedway, Ste. 100, Mukilteo, WA 98275 Phone:(206)348-5000 Fax:(206)348-3095
e-mail: support @transact.com Website: www.transact.com
Contact: Ms. Tomi Renshaw
Founded 1994. Member: ATA, NOTIS, Washington Software Assn., ASCD. Translates Spanish, Russian, Cambodian, Korean, Chinese, Lao, Thai, Arabic, Japanese and Vietnamese from English. Emphasis on Education, Medical and Utilities translation. Prospective translators must have computer skills and PageMaker experience. Resumes are reviewed and applicants contacted if needed. The company specializes in translation and typesetting for school districts in the US. Their software division creates custom CD-ROMs for Mac/Win in all languages. Maintains a pool of 20 translators.

Trans-Caribe Communications, Inc., 9109 Queen Elizabeth Court, Orlando, FL 32818 Phone: (407)260- Fax: (407)260-6349
e-mail: transcc@aol.com Website: www.iotrak.com/trans-caribe.html
Contact: Sherry E. Allen-Diaz Member: ATA

Transemantics, Inc., 4301 Connecticut Ave. NW, Ste. 146, Washington, DC 20008 Phone: (202)686-5600 Fax: (202)686-5603
Contact: M-L Wax Cooperman Member: ATA

Transimpex Translations, 8301 East 166th St., Belton, MO 64012 Phone: (816)561-3777 Fax:(816)561-5515
e-mail: transmpx@sound.net Web site: www.transimpex.com
Contact: Ingrid Pelger, Doris Ganser or Brian White
Founded 1974. Member: ATA, Board member International. Trade Club of Greater Kansas City. Uses freelance translators and interpreters. Accepts unsolicited resumes. Resumes are put in database until needed. Requires degree in linguistics or translation. Main languages translated are German, French, Spanish, Portuguese, Italian, Japanese, Russian, and Arabic. Translates all subjects, with long experience in localization. Has overall pool of some 5000 translators, with about 150 active ones.

Transfirex Translation Services, Inc., 12509 Village Sq. Terr., #201, Rockville, MD 20852 Phone: (301)984-9753
Fax: (630)604-8323
e-mail: info@transfirex.com Website: www.transfirex.com

Contact: Margaret Johnson
Founded 2001. Member: ATA. Accepts resumes. Main languages are Turkish, German, Spanish, Italian, French and Portuguese.Mostly scientific, engineering, social sciences, and safety, emergency and rescue. Has a pool of 12 translators.

TRANSGLOBAL Language Services, 534 Princeton Cove, Memphis, TN 38117 Phone: (901)680-0927
Contact: Robyn Hassell

Translate4me Inc.; 9720 Wilshire Boulevard, Suite 205, Beverly Hills, CA 90212; Phone: (310)274-9771 Fax: (310)274-9431
e-mail: translation@translate4me.com Web Page: www.translate4me.com Contact: Olessia Laird
Member: ATA, ITI, BBB. The main languages that they translate are English to French, German, Spanish and Italian. They also translate into 80 languages. They translate into all subjects. Translate4me Inc does use freelance and they do accept resumes. You may send your resume to olessia@translate4me.com. Suitable applicants are sent an application form, terms of business nad are reference checked. They require that applicants have graduated and have at least 5 years translation experience. They should also have professional translator's qualifications. They have about 3,000 translators in their pool.

Translation Aces, Inc., 29 Broadway, Ste. 2301, New York, NY 10006 Phone: (212)269-4660 Fax: (212)269-4662
Contact: Serge Nedeltscheff
Founded 1952. Member: NY Circle, NY Chamber of Commerce. Translates Spanish, French, German, Japanese Italian, Portuguese, Russian and Greek, both from and into English, as well as *all* other language pairs. Emphasis on Legal, Patent, Medical Financial, Scientific, Advertising, Engineering, and almost all other areas of translation. Prospective translators should have "experience, experience, experience." Resumes are responded to with the company's application form. The company has 45 years experience in providing the legal, financial, advertising, medical and governmental communities with translation, interpreting, voiceover and consulting services. Maintains a pool of about 400 translators.

Translation Company of America, Inc., 10 West 37th St., New York, NY 10018 Phone:(212)563-7054 Fax:(212)695-2385
e-mail: trude@tcany.com Website: www.languagematters.com
Contact: Trudi Mathys Member: ATA

Translation Company of New York, 8 South Maple Ave., Marlton, NY
08053 Phone: (856)983-4733 Fax: (856)983-4595
e-mail: tcny2000@cs.com Web site: www.tcny.net
Contact: Jennifer C. Thompson

Founded 1983. Member: ATA. Uses freelance translators and accepts unsolicited resumes. Translates mainly French, German,Spanish, Italian, Japanese, Portuguese, Dutch, Russian, Chinese and Swedish. Main areas are pharmaceutical, chemical, medical, engineering, and electronics. Does about 7_8 million words a year. Has active pool of 200 translators.

Translation Services, Inc., 5860 Forward Ave., Office #1, Pittsburgh, PA 15217 Phone: (412)242-8240 Fax: (412)242-1241
e-mail: ATA-info@translations.us.com
Website: www.translations.us.com
Contact: Lisa M. Heinrich Member: ATA

Translation Services International, 1100 South Mint Street, Suite 107, Charlotte, NC 28203 Ph: (704)347-5882
Fax: (704)347-5899
e-mail: info@tsitranslation.com Web: www.tsitranslation.com
Contact: Victor M. Guzman, President/CEO

Translations & Language Consulting, 8105 Hearthstone Place, Antelope, CA 95843 Phone: (916)729-4222 Fax: (916)729-4232
e-mail: emorrow@trans-language.com
Website: www.trans-language.com

Contact: Elena Morrow Member: ATA

Translations Unlimited, 1455 Forest Hill SE, Grand Rapids, MI 49546 Phone:(616)942-5742 Fax: (616)526-8583
e-mail: lmathews@calvin.edu Contact: Leslie Mathews, Director
Founded 1980. Member: ATA. Accepts resumes. Main languages are French, Spanish, German, Japanese, Portuguese, Italian, and Vietnamese. Main areas are patents, sales literature, video scripts, and voice-overs, employee handbooks, sales literature, legal documents, and technical specifications. Translator pool of 25-30.

translations.com, 3 Park Ave., 37th Fl., New York, NY 10016
Phone: (212)689-1616 Fax: (212)685-9797
e-mail: LRC@translations.com Website: www.translations.com
Contact: Pamela Kraljevich
Founded 1999. Member: ATA. Accepts resumes. Translates mainly Spanish, French, German, Chinese, Japanese, Portuguese, Italian, Korean, Norwegian and Swedish. Mostly software, IT-Telecom, finance, travel and medical. Provides full suite of globalization services. Pool of 500 translators.

Translation3, 49 Union Park, #2, Boston, MA 02118
Phone: (617)482-2223 Fax: (617)482-2121
e-mail: jjtranslation3@translation3.com Website: www.translation3.com
Contact: Jacqueline M. Jacquiot Member: ATA

The Translators, PO Box 303, Topsfield, MA 01983
Phone: (978)887-9234 Fax: (978)887-6657
e-mail: trnslate@shore.net Web site: www.thetranslatorsinc.com
Contact: Jim Swift, Personnel Manager
Founded 1980. Accepts resumes. Translates all languages, mostly medical, patents, human resources, computer, sci-tech, legal, electronic and engineering. Unlimited translator pool.

Translingua, Inc., 5457 Twin Knolls Rd., Columbia, MD 21045
Phone: (410)730-9700 Fax: (410)730-9736
e-mail: moneill@translingua.com Website: www.translingua.com
Contact: Mary J. O'Neill
Founded 1984. Member: ATA, NCATA, STC, CATI. Translates French, Italian, German, Spanish, Japanese, Chinese, Korean, Swedish, Danish, Portuguese, Russian, Hebrew, and Arabic from English. Emphasis on technical, scientific, medical, financial, software, packaging and labeling, marketing and advertising. Specialty in full-service graphics and high resolution double byte output. Prospective translators should have an area of expertise as well as a computer, email, modem, and fax. Resumes are screened, evaluated and databased. The company's translations, often large and multilingual, are aimed at publication and the end user. It provides services for the entire process from project management to printing. Maintains a pool of more than 1000 translators.

Transperfect Translations International, Inc., 3 Park Ave., 28th Fl., New York, NY 10016 Phone: (212) 689-5555
Fax: (212)251-0981
e-mail: info@transperfect.com Website: www.transperfect.com
Contact: Information Member: ATA

Transtek Associates, Inc., 599 North Avenue, Door 9, Wakefield, MA 01888 Phone: (781) 245-7980 Fax: (781)245-7993
e-mail: michele@transtekusa.com Website: www.transtekusa.com
Contact: Michele Phillips
Founded 1964. Member: ATA. Uses freelance translators and interpreters. Accepts unsolicited resumes.

Tristan Translations, 1130 Taylor St., San Francisco, CA 94108 Phone:(415)474-2611
Fax:(415)928-4755 e-mail: tristant@ix.netcom .com
Contact: Marc de Tristan, Jr., Owner.
Founded 1978. Accepts resumes. Translates Spanish, German, Chinese, Japanese, Portuguese, French, Italian, and numerous

other languages, both from and into English. Emphasis on Patents, Technical Document, Proposals and RFQ, Discovery Document and Insurance Claim translation. Prospective translators should exhibit fluency in the English resume or phone contact, education and word processing and file transfer skills. Resumes are read with an eye to flaws, and if approved, entered into a database for future work. Maintains a pool of over 100 translators.

Tru Lingua Language Systems, Inc., 2081 Business Center Drive, Irvine, CA 92626 Phone: (949)955-1151 Fax: (949)955-1153
e-mail: Trulingua@aol.com
Contact: Diana Knapstein
Founded 1984. Accepts resumes. Translates mainly Spanish, French, German, Dutch, Portuguese and Japanese. Mostly technical, medical and lega. Prospective translators should be ATA certified, ATA members, and possess wide experience. Maintains a pool of over 350 translators.

Trustforte Language Services, 271 Madison Ave., 3rd Fl., New York, NY 10016 Phone: (212)481-4980 Fax: (212)481-4972
e-mail: aschroeder@trustforte.com
Website: www.trustfortelanguages.com
Contact: Jackie Cordero
Founded 1992. Member: ATA. Accepts resumes. Works in most languages. Provides translators and interpreters to a variety of fields, from business to entertainment.

turkishtranslation.com, MSR Consulting Ltd., 33 N. High St., Clinton, CT 06143 Phone: (860)669-2777 Fax: (909)363-9150
e-mail: info@turkishtranslation.com Website: www.
turkishtranslation.com
Contact: Asiye Yucel Member: ATA

-U-

Uniscape, Inc., 1292 Hammerwood Ave., Sunnyvale, CA 94089
Phone: (408)743-3500 Fax: (408)743-3600
Website: www.uniscape.com
Contact: Seda P. Mansour Member: ATA

United International Services, Inc., 12701 W. Warren, Dearborn, MI 48126 Phone: (313)846-6903 Fax: (313)846-4278
Contact: Faye Awada Member: ATA

United Nations Translators & Interpreters, Inc., 1515 E. Livingston St., Orlando, FL 32803 Phone: (407)894-6020 Fax: (407)894-6693
e-mail: unti@unti.com Website: www.unti.com
Contact: Fiona Como
Founded 1991. Member: ATA. Accepts resumes. Translates mainly Spanish, Creole, French, German, Arabic, Farsi, Italian, Portuguese and Vietnamese. Mostly legal, medical, technical and INS documents. Uses about 50 translators.

Universal Dialog, 4150 Murphy Canyon Road, Suite 210, San Diego, CA, 92109 Phone: (858) 273 9060 Fax: (858) 273 9062
e-mail: email@universaldialog.com Web site: www.universaldialog.com
Contact: Alexandra Briskin Member: ATA

University Language Center, Inc., 1313 Fifth St. SE, Ste. 201, Minneapolis, MN 55414 Phone:(612)379-3574 Fax:(612)379-3832
e-mail: translation@ulanguage.com Website: ulanguage.com Contact: Therese Shafranski, Translation Department Manager
Founded 1986. Member: ATA. Accepts resumes. Translates Spanish, French, German, Italian, Portuguese, Russian, Chinese, Japanese and Hmong, as well as Turkish, Indonesian, Arabic and all Southeast Asian languages. Emphasis in all technical areas.

The company handles all phases of production from translation to camera-ready art, including cultural assessment of the source documents. Maintains a pool of 250 translators.

University Translators Services LLC, 220 N. 5th Ave, Ann Arbor, MI 48104 Phone: (734)655-7295 Fax: (734)655-1345
e-mail: lfinch@univtrans.com Web Page: www.univtrans.c-om
Contact: Laurie Finch, President
Member: ATA. Founded in 1988. They do accept freelance and unsolicited resumes. The resumes are entered into their database under language, specialty and location. They require that you have 10+ years of experience, certification and/or ATA and/or Master's Degree in Translation/Interpretation. Their main language pairs are English to French, German, Spanish, Portuguese, Chinese, Japanese, Korean, Thai, Arabic, Urdu and Vietnamese. Some of tier subjects are manuals for automotive & manufacturing of all types, patents, immigration related documentation, consumer surveys, promotional brochures and video for sales, court interpreting, subtitling and voice over, website HTML pages and software localization. Their work load is about 50% written translation and 50% interpretation. They have 25 full time translators or 50 full and part time translators. University Translators Services is a woman owned agency operating in the capacity of an LLC.

U.S. Translation Company, 3701 Harrison Blvd., Ogden UT 84403
Phone: (801)393-5300 Fax: (801) 393-5500
e-mail: info@ustranslation.com Website: www.ustranslation.com
Contact: David Utrilla Member: ATA

-V-

Venturi Technology Partners, 400-1 Totten Pond Rd., Waltham, MA 02451 Phone: (781)890-7007 Fax: (781)890-4433
e-mail: mklinger@ventwipartners.com
Web site: www.venturiglobalization.com
Contact: Michael L. Klinger
Founded: 1993. Member: ATA, NETA, STC. Accepts resumes. Translates mainly Japanese, French, Italian, German, Spanish, Korean, Chinese, Portuguese, Hebrew and Arabic. Mostly software, medical and pharmaceutical. Has a pool of 500 translators.

Vital International Programs, Inc., 34514 Dequindre, Ste. C, Sterling Heights, MI 48310 Phone: (586) 795-2500
Fax: (586) 795-5763
e-mail: lnespolo@protranslating.com website: www.vitalinternational.com

Voices for Health, Inc., 894 Fuller NE, #2, Grand Rapids, MI 49503
Phone: (616)458-8388 Fax: (616)458- 8322
e-mail: info@voicesforhealth.com Web site: www.voicesforhealth.com
Contact: Scott Van Til, Translations; Van Nguyen, Interpretation Coordinator.

Founded 1997. Member: ATA. Accepts resumes. Translates mainly Spanish, Vietnamese, Chinese and Arabic. Mostly healthcare and social services. Uses hundreds of linguists.

Vormbrock Translations, Inc., 10415 Jockey Club Drive, Houston, TX 77065 Phone: (281)894-9722 Fax: (281)890-0062
e-mail: VTITrans@pdq.net Website: www.vormbrock.com
Member: ATA

-W-

WKI International Communications, 27 W. 20th St., Ste. 402, New York, NY 10011 Phone: (212)255-6100 Fax: (212)255-8461
e-mail: smwoodruff@wkiintl.com Website: www.wkiintl.com
Contact: Susan Woodruff Member: ATA

Welocalize.com, 241 E. 4th St., Ste. 207, Frederick, MD 21701
Phone: (301)668-0330 Fax: (301)668-0335
e-mail: info@welocalize.com Website: www.welocalize.com
Contact: E. Smith Yewell Member: ATA

Wizards Of The Coast, Inc., P.O. Box 707, Renton, WA 98057
Fax: (425)204-5806 Website: www.wizards.com
Contact: David Serra Member: ATA
Word for Word, Inc., 325 W. Chickasaw Rd., Virginia Beach, VA 23462 Phone: (757)557-0131 Fax: (757)557-0186
e-mail: wrd4wrd@exis.net Contact: Curtis Hovey Member: ATA

Word Magic Software, 12220 Beechnut PMB 2026, Houston, TX, 77072 Phone: (281)564_3022 Fax: (281)568_2143
e_mail: info@wordmagicsoft.com Web Page: www.wordmagicsoft.com Contact: Kristha Serrano
Founded in 1989; Word Magic Software only translates English into Spanish. They translate any subject. They do not use freelance and they do not accept resumes. They have English-Spanish Translation Software, Dictionary, Thesaurus, Spell Checker, Verb Conjugator. They also offer translation services in both languages, English and Spanish.

WORDNET, Inc., 282 Central St., Ste. 2, P.O. Box 976, Acton, MA 01720 Phone: (978)264-0600 Fax:(978)263-3839
e-mail: wordnet@wordnet.c-om Website: www.wordnet.com
Contact: lee Chadeayne
Founded 1985. Member: ATA, German-American Business Council. Uses freelance translators and interpreters. Accepts unsolicited resumes. Resumes are reviews and applicants are sent out forms to fill out, and are periodically tested and evaluated. Main languages translated are French, Spanish, German, Italian, Chinese, Japanese, and Korean. Main areas are technical, medical, machinery, legal, and business/marketing. The company specializes in translation, typesetting and printing, preparing brochures, catalogs, manuals, legal agreements and Web pages.They help companies get started in the international marketplace. Maintains a pool of some 2000 translators.

Worldwide Translations, Inc., 2317 Fossil Canyon, Henderson, NV 89052 Phone: (800)293-0412 Fax:(800)536-6995
e-mail: wwtranslate@cs.com Web site: www.wwtranslations.com
Contact: Robert Sansing
Founded 1994. Member: ATA, RAPS, FDLI, DIA, NAJIT. Accepts resumes. Translates mainly French, Italian, German, Spanish, Dutch, Portuguese, Greek, Swedish, Japanese and Chinese. Emphasis on Medical, Machinery Manufacture and Computer Products translation. Prospective translators should be native_speaking ATA members with 5+ years technical translation experience and references. Resumes are responded to by telephone when work becomes available. The company is expert in the CE Mark and Medical Device areas and specializes in the translation of instructional manuals. They hold their translators to a high standard of accuracy. Maintains a pool of over 100 translators.

The Write Stuff, 11000 Lake City Way, NE, Seattle, WA 98125
Phone: (206)548-1111 Fax: (206)548-9116
e-mail: translations@writestuff.com Website: www.writestuff.com
Contact: Susan Hedding Member: ATA

Wudang Research Association, 2301 South Congress Ave., #1021 Boynton Beach, FL 33426 Phone: (561) 733-1417
e-mail: tmorgan@wudang.com Web site: www.wudang.com
Contact: Theresa M. Morgan

-Z-

Zanzitek, LLC, 475 Commonwealth Ave., Ste. 101, Boston, MA 02215
Phone: (617)236-7791 Fax: (617)236-7792
e-mail: antonio_gangemi@zanzitek.com

FOREIGN TRANSLATION COMPANIES

Argentina
Translationary, Viamonte 524, 2° Ofc. 17, Buenos Aires, 1053 Argentina Phone: 54(11)43130088 Fax: 54 (11) 43115301
e-mail:info@translationary.co-m
Contact: Marcos von Haeften

Australia
Pacific Rim Translation International Pty., Ltd., Level 10, 55 Swanton St., Melbourne, Victoria 3000, Australia
Phone: 61(3)96533012 Fax: 61(3)96548644
e-mail: apak@prti.com.au Website: www.prti.com.au
Contact: Audrey Pak

Belgium
Anthea Languages S.A., 8 Quai Godefroid Kurth, Liege, B4020 Belgium
Phone: 32(4)3444566 Fax: 32(4)3444335
e-mail: info@anthealanguages.com
Website:www.anthealanguages.c-om
Contact: Yves G. Vanneste

Brazil
Amerikas Traducôes. Ltda., Av. Franklin Roosevelt 39, Ste. 1108, Rio de Janeiro, RJ, 20021-120 Brazil
Phone: 55(21)533-5821 Fax: 55(21)533-6853
e-mail: amerikas@tradutores.com
Contact: Leonardo R. Moraes

Canada
All Languages Ltd., 421 Bloor St. E, Ste. 306, Toronto, Ontario
M4W 2T1 Canada Phone: (416)975-5000 Fax: (416)975-0505
e-mail: info@alllanguages.com Website: www.alllanguages.com
Contact: Paul M. Penzo

The Bank of Nova Scotia, 44 King St. W, Toronto, Ontario M5H 1H1 Canada Phone: (416)866-3354 e-mail: joanne.akai@scotiabank.com
Contact: Joanne Akai
Global Translations & Interpreters Services, Inc., 277 Wellington St. W, Ste. 710, Toronto, Ontario M5V 3E4, Canada
Phone: (416)593-1444 Fax: (416)593-6344
e-mail: mailbox@globaltranslations.com
Website: www.globaltranslations.com
Contact: Tim Koressis

HSN Linguistic Services Ltd., 5360 Canotek Rd., Unit 20, Gloucester, Ontario K1J 9ES, Canada
Phone: (613)748-1915 Fax: (613)748-5596
e-mail: dcyr@hsntraslation.com Website: www.hsntraslation.com
Contact: Diane Cyr

in FRENCH only inc./in SPANISH too! Translations, 25 Rockcastle Drive, Toronto, Ontario M9R 2V2, Canada
Phone: (416)248-5648 Fax: (416)614-3806
e-mail: translations@idirect.com Website: www.translations.ca
Contact: Kim Pines

Multicorpora R&D Inc., 490 Saint Joseph Blvd., Ste. 102, Hull, Quebec, J8Y 1G3, Canada
Phone: (819)778-7070 Fax: (819)778-0801
e-mail: info@multicorpora.com Website: www.multicorpora.com
Contact: Gerry Gervais

Parenty Reitmeier Translation Services, 123-B Marion St., Winnipeg,
Manitoba R2H 0T3, Canada
Phone: (204)237-3737 Fax: (204)237-9997
e-mail: Joanne@parenty.mb.ca Web site: www.parentyreitmeier.com
Contact: Joanne Rasmussen
Founded 1992. Member: ATA, STC, SAE, LISA. Accepts resumes. Requires translation into mother tongue and knowledge of Trados. Main languages are French, Spanish, Portuguese, German, Italian, Dutch, Danish, Norwegian, Swedish and Finnish.Mostly mechanical, medical and legal. Maintains pool of 90 translators.

Shoreline Translations, Inc., 100 Waverley St., #103, Ottawa, Ontario K2P 0V2, Canada Phone: (613)237-3503
Fax: (613)237-3503
Contact: Gordon R. McLeod

Transcript Communications, Inc., 625 Ave. du President Kennedy, Bureau 800, Montreal, Quebec H3A 1K2, Canada
Phone: (514)874-9134 Fax: (514)874-9192
e-mail: info@comtranscript.com Website: www.comtranscript.com
Contact: Wilma Scappaticci

China

Beijing E-C Translation & Localization Co., Ltd., P. O. Box 9213, Ste. 3001-3004, Hui Bao, Long Commerce Center, Beijing, Capital, 10007-6, China
Phone: 86(10)67987599 Fax: 86(10)67987619
e-mail: info@e-cchina.com Web site: www.e-cchina.com
Contact: James Wei

Transco Technology Co., Ltd.
B406 Grand Pacific Garden Mansion, 8 Guanghua Road, Beijing 10026, China
Phone: (8610) 6581 9699 Fax: (8610) 6581 9799
e-mail: info@Transco.com.cn Web site: www.Transco.com.cn
Contact: Vic Dickson
Founded 1998. Member: ATA, LISA. Accepts resumes. Translates only Chinese into and from English, both traditional and simplified. Mostly technical, software. Has more than 100 in-house staff.

Denmark

eb Graphics Design, Boserupvej 13, Farum, Denmark
Phone: 45 44 99 66 36 Fax: 45 44 99 66 37
e-mail: dkgraph01@attglobal.net
Website: www.users.cybercity.dl/~dko1501/
Contact: Boris Christens-en
Founded 1993. Member: ATA. Accepts resumes. Translates Swedish into Danish and English into Danish. Mostly IT, Technical, marketing and automotive. Has 6 translators.

Network Communications, A/S, P.O. Box 2034, Hobrovej 134, Randers, DK-8900, Denmark
Phone: 45(86)407600 Fax: 45(86)424311
e-mail: network@netcomms.dk Website: www.netcomms.dk
Contact: Robin Brown

France
Medialocate, 31 Rue Tourat, Bordeaux, 33000, France
Phone: 33(5)56822828 Fax: 3(3)556811818
e-mail: info@medialocate.com Website: www.medialocate.com
Contact: James A. Anderson

Germany
Fachübersetzungen C.P. MacKusick, Im Eck 4, Niederweiler, D-55491, Germany Phone: 0049(6543)6062 Fax: 0049(6543)6286
e-mail: cpm@mackusick.de Website: www.mackusick.de
Contact: Christine P. MacKusick

Localize-IT Communication Services GmbH, Lohenstr. 8, 82166 Graefelfin-g, Germany Phone: 49(0)898786-0 Fax: 49(0)898786-33
e-mail: info@Localize-it.de Website: www.Localize-it.com
Contact: Rolf W. Blum
Founded 1999. Member: ATA, BDUE, STC, LISA. Accepts resumes. Translates English and German into all European language. Mostly IT, telecom and software. Maintains pool of 120 translators.

SAP AG, Postfach 1461, Walldorf, 69185, Germany
Phone: 49(6227)741830 Fax: 49(6227)744260
e-mail: hanno.holzheuser@sap.com Website: www.sap.com
Contact: Hanno Holzheuser

Scholl Translations International, Nuen Morgen 1, Remseck, 71686, Germany Phone: 49(7146)821067 Fax: 49(7146)3780
e-mail: scholl@aol.com Website: www.scholl-translations.com
Contact: U.L. Scholl-Ogholoh

SciTech Communications GmbH, Im Weiher 12, Heidelberg, D-69121, Germany Phone: 49(6221)905040 Fax: 49(6221)161935
e-mail: info@scitech.de Website: www.scitech.de
Contact: Brigit Stäudel
Founded 1994. Member: ATA. Accepts resumes. Main language pairs are German into English, French, Italian, Spanish and Portuguese. Mostly medical, technical and scientific. Pool of about 50 translators.

Siemens Language Services, Steinstr. 14, Velbert, 42553, Germany
Phone: 49(5251)8-11558 Fax: 49(5251)2053-504002
e-mail: ilona.volmer@mch20.sbs.de
Website: www.siemens.com/language_services
Contact: Helen Volmer

XTRA Translation Services, Calwer Str. 7, Boeblingen, 71034, Germany Phone: 49(7031)2136653 Fax: 49(7031)2136677
e-mail: stefan.lampert@xtra-services.com
Website: www.xtra-services.com
Contact: Stefan Lampert

Hong Kong
Mutilingual Translation Services, 8/F, Sing Hing Commercial Bldg., 139, Wing Lok St., Sheung Wan, Hong Kong, Hong Kong
Phone: (852)25819099 Fax: (852)25819066
e-mail: syhkmts@netvigator.com Website: www.multilingual.com.hk
Contact: Stephen Viu

India

International Academy of Foreign Languages, S-351 Greater Kailash Part-I, New Delhi, 110048, India
Phone: 91(11)6475810 Fax: 91(11)6235557
e-mail: iafl@nde.vsnl.net.in Website: www.iafltrans.com
Contact: Narender Parwanda
Founded 1989. Member: ATA. Does not accept resumes. Translates mainly Hindi, Urdu, Bengali, Gujarati, Arabic, Punjabi, Tamil, Nepali, Marathi, Dari, Persian and Pushtu. Mostly business, telecommunications, medical, legal and IT. Has a pool of 800 translators.

Ireland

Alchemy Software Development, Harcourt Business Centre, Block 2, Harcourt Street, Dublin 2, Ireland
Phone: +353-1-708-2800 e-mail : info@AlchemySoftware.ie
Web Site : www.AlchemySoftware.ie
Contact: Anthony G. Powch

Italy

Interlanguage S.R.L., Strada Scaglia Est 134, Modena, MO 41100, Italy
Phone: 39(059)344720 Fax: 39(059)344300
e-mail: info@interlanguage.it Website: www.interlanguage.it
Contact: Susanna Ferretti
Founded 1986. Member: ATA. Accepts resumes. Main languages are Italian, German, French, Spanish, Portuguese and Dutch. Mostly mechanics, electronics, textiles, ads, marketing, legal, finance, economics and tourism. Has pool of about 500 translators.

Lexikon, Via Carlo Cattaneo 21, Napoli, 80128, Italy
Phone: 39(081)5586768 Fax: 39(081)5586737
e-mail: info@lexikon.it Website: www.lexikon.it

Lexis Srl, Via Dario Campana 56/A, Rimini, 47900, Italy
Phone: (39)0541790190 Fax: (39)0541790685
e-mail: lexis.rimini@lexisitalia.com Website: www.lexisitalia.com
Contact: Roberto Ganzerli

Japan

Techlingua, Inc., 10-3-206, Denen-Chofu 1-chome, Tokyo, 145-0071, Ota-ku, Japan Phone: 81(3)37225211
Fax: 81(3)37215223
Contact: Atsushi Tomii

TranNet.K.K., 26-40 Shinjuku, 7–Chome, Shinjuku-Ku, Tokyo, 160-0022, Japan Phone: 81(3)52875881
Fax: 81(3)52875882
e-mail: hamaji@trannet.co.jp Website: www.alc.co.jp/trannet
Contact: Michio Hamaji

Malta

International Translation Agency LTD Malta, "Ajirce"/5, Testaferrata St., Msida, MSD 02, Malta
Phone: (356)322404 Fax: (356)319008
e-mail: corporate@translatedotcom.com
Website: www.translatedotcom.com
Contact: Rachid Titouah

Mexico

Comunicar Servicios Profesionales de Traducción & Interpretación, Joaquin Romo 109-103, Colonia Miguel Hidalgo, Mexico D.F. 14260, Mexico Phone: (5)6060389 Fax: (5)6650268
e-mail: comunica@avantel.net Contact: Maria Elena Cruces Ramirez

Netherlands

Alchemy Software Development, Harcourt Business Center, Bloch 2 Harcourt St., Dublin 2, The Netherlands Phone: (353)170-8280
Fax: (353)170-8280 e-mail: tonyod@alchemysoftware.com
Website: www.alchemysoftware.com Contact: Anthony G. Powch

WYO Translation Agency, P.O. Box 292, Emmasingel 51, Weert, 6001BA, The Netherlands
Phone: 31(495)537334 Fax: 31(495)543219
Website: www.wyo.nl

Peru

INTERCONTACT - PERU, Gral. Borgoño 518, Lima, 18 Peru
Phone: 51(1)4474157 Fax: (51(1)4474157
e-mail: interc6@attglobal.net Website: www.intercontactperu.com
Contact: Claudia Delgado Nachtigall

Portugal

Cial Lingua Service International, Avenue República, 41-8º, Lisbon, 1050 Portugal Phone: 351(1)7937610
Fax: 351(1)7960783
e-mail: cialis@mail.telepac.pt

Russia

Delos O.O.O., 10-14, Nagatinskaya Naberezhnaya, Moscow, 115533 Russia Phone: 007-0959552530 Fax: 007-0959552530
e-mail: russianize@delos.ru Website: www.delos.ru
Contact: Anna Evgrafova
Founded 1990. Member: ATA, LISA. Accepts resumes. Main languages are Russian, German, French, Spanish, Japanese, Portuguese and Chinese. Mostly petroleum engineering, electric engineering, telecom-munications and IT. Has a pool of 200 translators.

Singapore

Getlocalized.Com, 46a & 48a Bukit Pasoh Rd., Singapore, 089858 Singapore Phone: (65)2200633 Fax: (65)3237097
e-mail: deepali@teamworks.com.sg Website: www.getlocalized.com
Contact: Deepali Chaturvedi

Spain

Hermes Traducciones Y Servicios Lingüísticos, Ronda de Poniente,
6-2º E, Centro Empresarial "Euronova", Tres Cantos, Madrid 28760, Spain Phone: 34(91)8036294 Fax: 34(91)8035300
e-mail: hermestr@hermes.com Website: www.hermestrans.com
Contact: Juan José Arevalillo
Founded 1991. Member: ATA, LISA, ACT. Accepts resumes. Translates mainly Spanish from and into other European languages. Mostly computing, localization, legal, medical, finance and business. Has 20 in-house translators and 25 off-site.

Interglossa, S.C.P., C/Rosselló 34, 2º-2º, Barcelona, 08029, Spain
Phone: 34(93)5396910 Fax: 34(93)5396911
e-mail: interglossa@interglossa.com Website: www.interglossa.com
Contact: Sonia Carrera Martinez Member: ATA

Translationary, Corsega 281, 08008, Barcelona Phone 34 932176822,
Web site: www.translationary.com
Contact: Marcos von Haeften

Switzerland

CLS Corporate Language Services AG, Dianastrasse 6, P.O. Box 1003, Zurich, 8039 Switzerland Phone: 41(1)2066850 Fax: 41(1)2066890
e-mail: cls@cls.ch Website: www.cls.ch
Contact: Doris Marty-Albisser

Taiwan

American Translation Link (AT-Link), 8F-12, 2 Fuhsing North Rd., Taipei, 104 Taiwan
Phone: 886(2)27763577 Fax: (419)793-1279
e-mail: mwang@american-translation.com
Website: www.american-translation.com Contact: Muriel Wang

United Arab Emirates

Eman Translation Services, Beniyas Square, Shaikha Maryam Bldg., 1st Fl., Office 104, Dubai, 27750 United Arab Emirates
Phone: 00971(4)2247066 Fax: 00971(4)2247944
e-mail: ets@emirates.net.ae
Contact: Omer Bashier
Founded 1995. Accepts resumes. Translates mainly Arabic, French, German, Italian, Spanish, Farsi, Hindi, Chinese and Turkish. Mostly legal. Has pool of 10 and uses freelancers.

United Kingdom

Chambers Harrap Publishers Ltd., 7 Hopetoun Crescent, Edinburgh
EH7 4AY, United Kingdom
Phone: +44(0)131 556 5929 Fax: +44(0)131 556 5313
e-mail: admin@chambersharrap.co.uk
Website: www.chambersharrap.co.uk
Contact: Administrator
Founded 1994 (Chambers - 1890; Harrap - 1901). Member: ATA. Accepts resumes. Requires excellent language skills and experience of dictionary translation. Translates mainly English into French, Spanish, German, Italian and Portuguese. Mostly dictionaries and language guides, including slang, business and IT dictionaries. Uses 20-50 translators.

CTT Languages, Fieldgate, Coltstaple Lane, Horsham, RH13 7BB, United Kingdom Phone: 44(7000)005006 Fax: 44(7000)005007
e-mail: info@ctt-languages.co.uk Website: www.ctt-languages.co.-uk
Contact: Tristan Loraine

The Language Technology Centre, Ltd., 5-7 Kingston Hill, Kingston Upon Thames, Surrey, KT2 7PW, United Kingdom
Phone: 44(208)5492359 Fax: 44(208)9746994
e-mail: asirjean@langtech.co.uk Website: www.langtech.co.-uk
Contact: Adriane E.M. Rinsche

SDL International, Butler House, Market Street, Maidenhead, Berkshire SL6 8AA, United Kingdom
e-mail: cstoldt@sdlintl.com Website: www.sdlintl.com
Contact: Vendor Management Group

TECHNOTRANS, Ridgeside Farm, The Ridge, Corsham, Wiltshire SN13 9PL, United Kingdom, Phone: 44(0)1225 811 891 Fax: 44(0)12-25 811 416
e-mail: tmoa@ukgateway.net
Contact: Thomas Moser

APPENDIX F: COMPUTERS, TRANSLATION, AND THE INTERNET

Digital technology as it relates to translation and to almost anything else in today's world is in a constant state of change. In the nearly three years since this handbook was last revised, computers have become more dominant in the translation craft. More work is now being transmitted electronically by e-mail attachment rather than by fax. The Internet has become a routine tool for translators – from work search to word search. And a growing number of translators has become involved in the translation of such computer-based material as websites, a process now generally referred to as localization. All this has resulted in this newly revised and expanded chapter that looks at all the above developments and how they benefit or fail to benefit translators.

Once you have read this chapter you will be glad to find out that one thing has not changed, which should come as no surprise: translation continues to be a human, rather than a machine function. Computers are no closer now to replacing human translation than they were three years ago, or at any other time in the past. Notwithstanding the great benefits translators are deriving from the digital revolution, computers continue to be the tools, rather than the decision-makers of the translation process.

Computers and Related Equipment

As was mentioned before, only a few years ago a translator would use a pen or a typewriter to translate. In 1980, for example, the ultimate text-producing tool in the world was the IBM Selectric electric typewriter, which we thought we would proudly bequeath to our children and grandchildren. All of this changed forever with the birth of the word processor, and more specifically, the PC, or Personal Computer, which is getting better every year, as if it were a magical tool with boundless possibilities. Certainly the PC has changed the lives of translators, increasing their productivity and profitability three- and fourfold, and enabling them to receive and transmit work, look for answers to linguistic questions, communicate around the world, and take advantage of computer-assisted tools (see below) that in certain cases can save a great deal of time and effort.

Bare Minimum Hardware and the Wish List

The electronic age offers a great deal more than the word-processor. There is the fax, modem, optical scanner, e-mail, various types of translation software such as translation memory, and last but not least, the Internet. No doubt, it all seems quite overwhelming. Which is the best tool? How much should I spend? How much do I need?

Perhaps the best way to start is by asking two questions: What is the bare minimum a translator needs to get started, and, if money were no object, what would be my wish list of electronic equipment?

The first thing you need to get is a good, current personal computer. This is a must. The question is whether to get a desktop PC, or a portable notebook? The desktop PC is bigger,

heavier, has a larger, easier-to-read screen, and an easier-to-use keyboard. The notebook, on the other hand, only weighs a few pounds, can fit in your briefcase, can be used anywhere (it has a rechargeable battery that gives you several hours of use), and, like a toothbrush, becomes a truly personal item. This book is being revised on a three-year-old IBM Think-Pad notebook. Though thin (1.8 inches) and flimsy-looking, it is a real powerhouse. The base price was $1,699.00. For $99.98 I upgraded the memory from 32MB RAM (see glossary in the back of the book) to 64MB. For $225.98 I got a second battery for more cordless computing hours while traveling. For $237.98 I got a 3-year warrantee for parts and service. It has a 266MHz Intel Pentium II processor, 3.2GB of hard drive space (upgradable to 6.4GB), a 56K modem, a

3.5 inch disk drive, and a CD-ROM drive which at the moment hosts a disk containing the entire Encyclopedia Britannica. The color monitor, a 12-inch SVGA, has good, sharp resolution. It operates on Microsoft Windows® 98. I use it mainly for word-processing, for e-mail, to surf the net, occasionally for graphics, and sometimes to hear music. At the moment it has some 25 programs, including WordPerfect 6.0 for Windows, MS Word, Lotus Notes, as well as my Internet provider, to mention only a few.

To me as a translator and a writer, this notebook is the best of all possible worlds. On the other hand, many translators prefer a desktop PC for all sorts of reasons, not all of which are known to me. Since I have access to both, it's hard for me to judge. My suggestion to you is to check around and try both, and make your own decision. But again, a translator without a computer in this day and age is like a painter without brushes. One more thing: The standard computer for translators is the IBM or IBM-compatible. The Macintosh, favored by graphics people, is not near-ly as widely used in our circles, so we will concentrate here on the former.

The above configuration of my notebook computer, which one can also get in a desktop PC (except for the batteries), is quite close to what a translator would consider a "wish list" configuration. Keep in mind that there is a vast difference between stor-ing text and storing graphics on a hard drive. One hundred pages of text take less disk space that one or two pages of graphics. If your translation work entails extensive graphics, you need a bigger hard drive and a faster computer, and the cost can go up 50%-100%. Most translators, however, do not have such a need. Instead, they can store data on their hard drive, and when it gets too crowde-d, they transfer files to a disk.

The other item that's a must is a printer. Although you can deliver text on disk or by e-mail, there are many good reasons why you need a printer. First, there is still a widespread requirement for hard copy. Second, you may want to print drafts to check your translation, and third, you need a printer for correspondence, for printing your resume, and certainly for printing an invoice. We recommend the Hewlett Packard family of printers, particularly the LaserJets. Depending on the volume, you can start with a smaller model and go up to the HP 4+ or a newer model, which is a bit faster and better.

The next item that's a must is the facsimile machine, popularly known as the fax. These days information travels very fast, and a sure way to get translation assignments is via the fax. Once you have translated a document, the fastest way to send it back is as an e-mail attachment. In other words, the basic translator tools today are the computer, the printer, the fax and the modem.

Another item you may want to look into is the optical scanner, starting with a recent model of the HP ScanJet family. Be sure to get it with the OCR, or Optical Character Reader. This optional piece of equipment provides two valuable functions—you can scan text from a page into a disk, which can be a great timesaving shortcut, and you can scan graphic-s, such as tables and photographs, into your text file.

What about the cost? You can easily spend around $5,000 on the above four items, if you go directly to the top of the line. But you don't have to start at the top of the line. You can start a couple of notches below the top, and still be able to give yourself a decent start.

You could, if you really want to watch your pennies, take advantage of the fact that compute-rs are chang-ing so fast, and look in the paper for a year or two old second-hand computer, but not older. You should be able to find a good one for $400-$800. You can do the same with the printer, by getting a second-hand one for about $100, or a new one for about $300-$400. A good modem (at least a 28.8 or higher) can be found for around $100, although you could spend $300-$400. A plain paper fax machine (thermal paper is out) can be found for around $200-$400, or you could start out by using a local service, like Kinko's. In short, you could get started with the basic equipment for as little as $600-$700 if you had to, and go on from there. As you prosper, you can start upgrading.

Other Useful Kinds of Software

You can use your word-processing software for doing record-keep-ing and invoic-ing as well, but if your operati-on becomes more involved you may want to consider a database program, such as Excel, for record-keep-ing (and also for other database-s, such as glossaries), and some basic invoicing program, which only runs $20-$30.

To protect your computer against computer viruses—the dreaded new computer age affliction—you may want to get a program such as Norton AntiVirus. To be able to retrieve lost text, you need the Norton Utilities program. Both are excellent safety measures. Another safety measure is the constant backing up of all your files. This can be done on the hard drive or on an external medium such as floppy disk or CD disk. Computers are great when they work, but when they fail they can cause you serious losses, which you cannot afford.

For word-processing, translators uses mainly Microsoft Word, but also WordPerfect, the old favorite.

Foreign Language Software

English-language word-processing is the most advanced in the world. Great strides have been made in programs for other languages, but there is still a long way to go. Some languages, such as Russian, Chinese, Japanese, Arabic and Hebrew are simply too complex in either their script or their noun and verb forms or both to lend themselves to, say, spell-check as readily as English. So don't expect to "cruise" as easily in those languages as you do in English. However, if you translate text from English into almost any other language, you are expected these days to deliver the text on electronic media, which means getting involved in word-processing in that language (see Appendix 3, Foreign Language Software Sources).

As a translator from English into a foreign language, you need software that accommodates not only your target-language, but also the source-language, namely, English. Sometimes you'll need to include English text in the body of your Chinese or Arabic text. Also, you have to make sure your foreign language software is compatible with English-language software, so that it can interface with your client's equipment. Therefore, we are focusing here on American-made foreign language software, rather than foreign-made.

Foreign Language Software Sources

In recent years the leading source for European languages software was WordPerfect. Its language modules covered a large variety of languages, and there were frequent upgrades. The WordPerfect foreign language modules are still used by many translators, but the trend is shifting to the localized products of Microsoft. These products use the Unicode system which makes Microsoft's English word processing compatible with its foreign versions, enabling the user to use English and foreign word processing in the same document with relative ease. Microso-ft's foreign language word processing is now part of its package of English word processing, which eliminates the high cost only a few years ago of buying foreign language modules separately.

Machine Translation Vs. Human Translation

Machine Translation, or MT, is the term used to describe trans-lation performed by a computer software program, as an alter-native to human translation (HT), performed by a human translator. Machine Translation belongs in the area of artificial intelligence. Artificial intelligence is the branch of computer science that deals with using computers to simulate human thinking. It looks to create programs that can solve problems *creatively,* rather than merely respond to commands. In other words, to operate just like the human brain.

In the late 1950s people in organizations such as the U.S. Air Force believed that computers would soon be pro-grammed to accept human language input and translate it into English or into any other language. During the following 50 years, millions of dollars were spent by the Air Force and by other U.S. Government bodies and by big business in the hope of having computers take over the human function of translation. So far, the results have been quite limited, for two main reasons: (a) while computers have a seemingly unlimited capacity for processing data, they are a long way from having the capacity to think creatively like human beings; and (b) human language is not merely a collection of signs and symbols that can be easily programmed, manipulated, and computerized. This is true of human language used not only in poetry and philosophy, but also in technical subjects, in which language expresses thought processes far more complicated than merely "one plus one equals two."

Many people today maintain that computers will soon replace translators. Most of those people are not translation experts. In fact, hardly any of them are. Some point to the fact that computers have already replaced typists and secretaries and reduced the work force of many companies. All this reminds me of a remark by George Bernard Shaw, according to which a monkey could write *Hamlet* if it managed to hit all the right keys on the typewriter. Very few translators can lay claim to creating literary works on the order of *Hamlet*, but lumping translators with typists and office support staff is missing the whole point of translation. As long as language continues to communicate more than the immediate literal meaning of words, as long as there are shades of meaning that keep changing all the time, as long as people have to make value judgments about the meaning and intent of a text, one will continue to need human translators to get the job done.

In recent years several companies in the U.S. and around the world have produced software designed to translate from one language into another. This software varies from a very basic word finder for the tourist, to complex programs for translating technical and scientific data. Some of the latter range in price from as low as $250 to as high as $250,000, and have been sold to governments and international organizations. One important lesson, however, has been learned by both the makers of those programs and their consumers. Machine translation does not replace human translation. At best, the former can achieve around 60 percent accuracy, when the goal is as close to 100 percent as possible. Consequently, the expectations regarding MT have been modified, and it is now recognized that to achieve full accuracy such translations must be post-edited by a human translator.

All of the above notwithstanding, Machine Translation does have its uses. Certain limited language environments do allow for machine translation. One example is the Canadian weather bureau, which transmits weather reports in both English and French. The number of words involved in the daily weather report is very limited, and can be easily programmed into a computer for translation from one language into another. Another example is official forms which contain simple basic questions. An organization such as NATO can have forms put out in ten different languages and set up a program to automatically translate each form into those languages. A third example is the Caterpillar company in Illinois that sells its agricultural machinery around the world and maintains operation manuals in various languages. This company has invested millions in its in-house translation software which allows it to update and modify its technical literature in a cost-effective way. In all of the above examples the software was customized for one particular work environment where repetition is the common denominator.

Another use of machine translation is for processing a large body of a foreign language text to find out what the gist of it is, rather than to achieve a fully accurate translation, in order to decide whether on not to select parts of it for accurate (viz., human) translation. This process is only partially reliable.

Translators for the most part are not fond of post-editing machine translation. Often the pay is not adequate, and the work can be harder and more time consuming than translating directly from the original. This certainly applies to freelancer-s, but also to in-house translators who are on a salary.

At the present time the ones who benefit the most from machine translation are not those who buy such services, but rather the companies who develop and manufacture the software and the translators who work on those machine translation projects either as developers of the programs or editors of the machine-translated text. In other words, machine translation has not made translation cheaper for the average consumer of translation services, and therefore does not pose a real threat to translators.

Translation Memory

One computer tool commonly used today in the area of computer-assisted-translation (CAT) is called translation memory. Here sentences and other parts of translated texts are stored and can be used again when the same or similar translation is required. This tool is best applied to major projects, such as automotive operation manuals that are updated or modified on a regular basis, whereby most of the text remains the same while certain sentences and/or paragraphs are changed.

While this tool has its practical uses, it has been hyped beyond its actual application and has been promoted as a universal aid for translators in nearly all types of translation. Here one should be careful not to invest in this kind of software unless one has a clear ongoing use for it. This applies both to individual translators and to translation companies, since in both cases only a small percentage of the work done is of the above-described kind.

Furthermore, as in the case of machine translation and localization (see below), here too the tools are far from able to accomplish their stated goals, and are still being improved upon. Translation memory is certainly not human memory, and while it does work part of the time, human memory remains irreplaceable.

Localization

Localization is defined as

the process of creating or adapting a product to a specific locale, i.e., to the language, cultural context, conventions and market requirements of a specific target market. With a properly localized product a user can interact with this product using his or her own language and cultural conventions. It also means that all user-visible text strings and all user documentation (printed and electronic) use the language and cultural conventions of the user. Finally, the properly localized product meets all regulatory and other requirements of the user's country or region.

Clearly, this definition takes us out of the strict realm of translation into the domain of computer programming and international business. It alludes primarily to the localization of websites (as well as software) in other languages and cultures. Two other terms often used in conjunction with localization are internationalization and globalization. The first refers to the preparation of computer text to be used in localization in such a way that it meets the requirements of the target language and culture. Globalization generally refers to both processes together, namely, internationalization and localization.

With the fast proliferation of websites and the rapid growth of many kinds of computer software, a growing number of translation companies have ventured into the field of localization, and more than a few computer hardware- and software-producing companies (including giants like IBM and Microsof-t) have turned to the field of translation as a function of localization.

Thus, localization has been presenting translators with new opportunities and some difficult questions. On the one hand, there is a huge volume of text these days in website and software development that necessitates multilingual translation. On the other hand, for a translator to become involved in localization a specialized knowledge of computers is usually required, since website and software localization requires not only language translation but also adaptation of computer commands to the requirements of the target language. Hence, a translator may want to carefully consider how far he or she may wish to become involved in technical computer work that requires skills and training beyond the scope of actual translation work.

It should be mentioned that localization in the sense of translating a text and adapting it to another culture existed long before the computer age. Thus, for example, an American advertisement company in the pre-computer era that planned an international ad campaign for a company such as Coca Cola, had to study the cultures of other countries and customize the ads not only in terms of the target language, but also the cultural conventions, preferences, taboos etc. of the target country. Furthermore, the act of translating itself is in a sense a form of localization, since language does not exist separately from its culture.

Website and software localization has been around now for several years. It relies heavily not only on human translation but also on machine and machine-assisted translation tools, such as translation software and translation memory. Given the limitations of these tools, the often unrealistic expectations of the marketplace and the eagerness to process a large volume of material in record time, localization has been experiencing many problems, and the goals its pursuers have set for themselves are yet to be realized. One should keep all of this in mind before getting involved in this area of translation.

The Uses of the Internet for Translators

The translation field has become increasingly "wired," witnessing a proliferation of sites relating to professional activities, job-hunting, commercial products, and online reference mate-rials for translators. It is not an exaggeration to say that trans-lators do themselves (and potentially their clients) quite a disservice by ignoring the virtual translation community.

This section will introduce you to a selection of highly-regarded and well-maintained sites of use to translators. It assumes basic Web literacy. Of course, the Internet's ever-changing nature guarantees that certain websites will decline or disappear, while new ones will emerge by the time this book becomes available. So please be aware that you will probably have to do some updating of the following information on your own.

Where We Are on the Web

First, let us invite you to Schreiber Publishing's website. Our address: **schreiberpublishing.com**. Its objective is to provide reference literature, training materials, and useful information for translators.

Professional Activities

Translators wishing to learn about the state of their profession will benefit from a visit to the American Translators Association's
site, **www.atanet.org**. I discuss the ATA in greater detail in the chapter on Translators' Organizations; its Website includes information on the Association's formal activities such as conferences, publications and accreditation procedures. Even if you are not an ATA member, the site is useful because it can guide you to other translation-related sites.

Another major website of interest to translators is the site of the
international umbrella organization of the world's translator associations, the International Federation of Translators, found on **www.fit-ift.org**.

Aquarius, at **www.aquarius.net.** Claims to be "the world's language network." This commercial website lists translation agencies seeking translators and interpreters who, in turn, can post resumes to make their services known. It also links to other translation sites.

Networking with Other Translators

An extremely popular program on the Internet for translators has been the *Language Forum* of Compuserve, popularly known as FLEFO (Foreign Language Education Forum). You have to subscribe to this forum to be able to participate. You enter FLEFO in the keyword box and you find yourself in a virtual forum full of translators from around the world, who post messages and get answers to almost any question a translator may ask, from the cost of a dictionary, to the meaning of a word, to a social get-together. FLEFO can also link you to translation wesites.

Another online forum for translators is the newsgroup: subscribers post messages and receive answers (say, to a specialized translation query). A newsgroup for translators is sci.lang. translati-on.

Reference Materials

The Translator's Home Companion at **www.rahul.net/lai/ companion.html**, provides Links to glossaries, dictionaries, translation publications, and other translators.

The Human Languages Page at **www.june29.com/IDP** provides links to other translation-related sites, including some listed here.

Language Today, an online publication (also available in print; see Bibliography appendix) covering language technology, translation and interpreting: **logos.it/language_today**

Online Dictionary Services

Eurodicautom at **www.europa.eu.int/eurodicautom** is a very useful service, Eurodicautom handles European languages such as Spanish, Portuguese, French, German, Italian, English, Danish and Dutch. Includes many specialized dictionaries in non-technical, legal and technical areas. Terms are both translated and defined.

Online Dictionaries at **www.yourdictionary.com** covers a far greater range of languages than the above entry. It provides links to dictionaries and translations in many specializations.

Glossaries

There are many mediocre glossaries out there in cyberspace, so use caution with this type of online resource. Here are some better ones:

www.refer.fr/termisti/liste.htm

www.yahoo.com/references/dictionaries

U.S. Government agencies provide some very useful glossaries. For example:

www.epa.gov (for environmental terminology).

Finding Cultural Information

A quick way to access cultural and historical information on other countries is via The Electronic Embassy at
www.embassy.org. This service provides links to embassy and/or United Nations home pages of many nations. Most countries' pages include links to cultural resources such as online newspapers, libraries, and so on. You may have to do some digging to find the information you're after, but if it exists online, you will probably find it by starting here. Also the foreign ministries of various countries are a good source for all sorts of information related to that particular country.

Shopping for Dictionaries

A prime source for dictionaries is i.b.d. Ltd.'s website is:
www.ibdltd.com.

Another site under construction is: **www.schoenhofs.com**.

Major virtual bookstores also have good selections of dictionaries (see box). Examples:

www.barnesandnoble.com
www.amazon.com
www.borders.com

You may also wish to consult these websites of major dictionary publishers:

Elsevier at **www.elsevier.com**
Routledge at **www.routledge.com**
McGraw-Hill at **www.mcgraw-hill.com**

Machine Translation

If you want to experience some machine translation, try these two sites:
www.babelfish.com/Languages/English/EnglishMachine.sht-ml
http://babelfish.altavista.com

Work Sources on the Internet

A European-based website that offers work sources and a newsletter with work information for translators is:
www.transtree.com
Three websites offer the capability to communicate with other freelancers and find out about the payment practices of translation agencies. For the most part they are free, but you have to join to be able to use them:

www.trwenterprises.com/payment_practices.htm
www.topica.com/lists/transpayment/
www.tcrlist.com/

Order Form

Fax orders: (301) 424-2336. Send this form.

Telephone orders: Call 1(800) 822-3213 x28 (in Maryland: 301-424-7737 x28)

E-mail orders: books@schreiberpublishing.com Mail orders to: Schreiber Publishing, 51 Monroe St., Suite 101, Rockville MD 20850 USA Website orders: www.schreiberpublishing.com or: **www.fortranslators.com**

Please send the following books, programs, and/or a free catalogue. I under stand that I may return any of them for a full refund, for any reason, no questions asked:

❑ **The Translator's Handbook 5th Revised Edition** - The Leading Guide for Translators - $25.95

❑ **The Translator's Self-Training Program** - includes work sources CD (circle the language/s of your choice):

Spanish French German Japanese Chinese Italian Portuguese Russian Arabic Hebrew - $69.00

❑ **The Translator's Self-Training Spanish Medical** - $69.00

❑ **The Translator's Self-Training Spanish Legal** - $69.00

❑ **The Translator's Self-Training German Patents** - $69.00

❑ **The Translator's Self-Training Japanese Patents** - $69.00

❑ **Multicultural Spanish Dictionary** - How Spanish Differs from Country to Country - $24.95

❑ **21st Century American English Compendium 3rd Rev. Ed.** - The "Odds and Ends" of American English - $29.95

❑ **Spanish Business Dictionary** - Multicultural Business Spanish - $24.95

❑ **French Business Dictionary** - Business terms from France and Canada - $24.95

❑ **Russian Business Dictionary** - $24.95

❑ **Japanese Business Dictionary** - $24.95

❑ **Chinese Business Dictionary** - $24.95

❑ **German Business Dictionary** - $24.95

❑ **Global Business Dictionary** - $33.95

❑ **Spanish Chemical and Pharmaceutical Glossary** - $29.95

❑ **Dictionary of Medicine French-English with English-French Glossary** - $179.50

❑ **Translator Work Sources** (CD and mailing label lists) - $69.00

❑ **Glosario internacional para el traductor 4th Revised Edition** - $44.35

❑ **Diccionario de la lengua española** - 2 volume economy edition - $84.00

❑ **Diccionario de la lengua española** - one volume large print - $195.00

❑ **La traducción del inglés al catellano** - $21.25

❑ **Diccionario bilingüe de mejicanismos** - $29.95

❑ **Spanish False Cognates** - $29.95

Sales tax: Please add 5% sales tax in Maryland

Shipping (est.): $4.50 for the first book and $2.00 for each additional product

International: contact us for shipping rates Order total: ______________

Name: ____

Address: ____ City: ____________________

State: _______ Zip: ___________ Telephone: _____________________ e-mail: ____________________

Payment: ❑ Cheque ❑ Credit card: ❑ Visa ❑ MasterCard

Card number: ____ Name on card: ________________________

Exp. Date: _____ / _____